"十四五"河南省重点出版物出版规划项目

河南省科学技术协会科普出版资助·科普中原书系

人体与健康

▶ 总主编 章静波 钱晓菁 ◀

遗传的密码

——基因

● 刘伟 主编

郑州大学出版社

大象出版社

图书在版编目（CIP）数据

遗传的密码：基因／刘伟主编. — 郑州：郑州大学出版社：大象出版社，2022.8

（人体与健康保卫战／章静波，钱晓菁总主编）

ISBN 978-7-5645-8715-4

Ⅰ．①遗… Ⅱ．①刘… Ⅲ．①基因 - 青少年读物 Ⅳ．①Q343.1-49

中国版本图书馆 CIP 数据核字（2022）第 084203 号

遗传的密码——基因

YICHUAN DE MIMA——JIYIN

策划编辑	李海涛　杨秦予	封面设计	苏永生
责任编辑	刘　莉　史　军	版式设计	王莉娟
责任校对	薛　晗	责任监制	凌　青　李瑞卿

出版发行	郑州大学出版社　大象出版社	地　址	郑州市大学路 40 号（450052）
出 版 人	孙保营	网　址	http://www.zzup.cn
经　销	全国新华书店	发行电话	0371-66966070
印　刷	河南文华印务有限公司		
开　本	787 mm×1 092 mm　1 / 16		
印　张	8.75	字　数	136 千字
版　次	2022 年 8 月第 1 版	印　次	2022 年 8 月第 1 次印刷

书　号	ISBN 978-7-5645-8715-4	定　价	55.00 元

主编简介

刘伟

博士，副教授，研究生导师，现就职于中国医学科学院基础医学研究所，从事人体解剖教学及衰老生物学相关科研。主要研究方向是神经发育及神经退行性疾病的分子机制，承担国家自然科学基金等多项基金项目，发表多篇教学和科研论文。

作者名单

主 编 刘 伟

编 委 （按姓氏笔画排序）

王 明 首都医科大学附属北京同仁医院；

北京市耳鼻咽喉科研究所

叶 飞 中国疾病预防控制中心病毒病预防控制所

丛 聪 中国医学科学院基础医学研究所

刘 畅 中国医学科学院基础医学研究所

安 泰 中粮营养健康研究院有限公司

李爱花 中国医学科学院医学信息研究所

曾 怡 重庆医科大学附属第二医院

周佳奇 中国医学科学院基础医学研究所

夏启胜 中日友好医院临床医学研究所

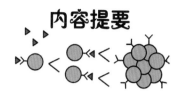

内容提要

该书为"人体与健康保卫战"丛书的一个分册，共8章，主要围绕什么是基因，基因的特点、发现历史、功能、应用及发展趋势展开描述。具体来说，第一章介绍了遗传信息的本质，即基因；第二章通过对孟德尔、摩尔根、沃森、克里克等科学家的介绍，讲述了基因背后的故事；第三章至第六章带读者进入了基因表达、基因检测、基因突变、基因编辑的奇妙世界；第七章介绍了克隆技术及其意义；第八章通过讲述表观遗传，解释了为什么同卵双生的双胞胎长得不一样。

该书图文并茂，生动活泼，能够把复杂的知识简单化，把深奥的内容浅显化，具有原创性、知识性、可读性。该书以青少年为读者对象，为他们普及科学知识，弘扬科学精神，传播科学思想，让他们养成讲科学、爱科学、学科学、用科学的良好习惯，同时让他们尽早接触生命科学、医学的知识和内涵，激发他们对生命科学和医学的兴趣，为实现中华民族伟大复兴的中国梦加油助力。

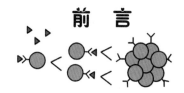

前 言

20世纪自然科学最伟大的3个发现是相对论、量子力学和DNA双螺旋结构，其中DNA双螺旋结构的发现，极大地震动了学术界，启发了人们的思想。从此，人们以遗传学为中心开展了大量的分子生物学研究，自此拥有了改造生命和创造生命的能力。

生物体的生、长、衰、病、老、死等一切生命现象都与基因有关。基因是由A、T、C、G 4种核苷酸以不同的顺序排列组成的每个人独一无二的遗传密码，承载着生命的基本构造和功能，储存着生命的种族、血型、孕育、生长、凋亡等过程的全部信息。现今，这种人体的遗传密码已经得到了广泛的应用，如医学上的亲子鉴定、产前诊断、肿瘤的基因治疗等。基因是决定生命健康的内在因素，基因研究将为人体健康做出更大的贡献。

本书围绕什么是基因，基因的特点、发现历史、功能、应用及发展趋势展开描述，共分8章，分别从强大的基因、基因背后的故事、基因表达、基因检测、基因突变、基因编辑、克隆羊"多莉"的启示录、身边的表观遗传8个方面予以介绍。

本书采用通俗易懂的语言，让青少年理解基因的概念及其应用，让他们对生命的本质有所了解，理解基因的强大，认识到基因编辑和基因工程有着改变世界未来的巨大潜力，并对未来从事生命科学工作培养兴趣和打下基础。

编委在撰写本书时，参考了经典的遗传学、分子生物学等教材和相关著作，将深奥的遗传学知识进行形象化、趣味化、浅显化，在此，对所有编委致以诚挚的谢意！此外，本书的出版得到了郑州大学出版社和大象出版社编辑、美编、排版同志们的大力支持，特别是大象出版社总编辑杨秦予同志，从选题策划到编辑出版全流程付出了辛勤的劳动，亦表示衷心的感谢！

作者
2021年5月

目 录

第一章
为什么龙生龙，凤生凤，老鼠生来会打洞
——强大的基因

▼

　　"龙生龙，凤生凤，老鼠生来会打洞"，这是人们从生活中观察到的自然规律。从科学上讲，谚语背后蕴藏着的是自然界的遗传规律。英国著名小说家赫伯特·乔治·威尔斯（Herbert George Wells）在 *Mankind in the Making* 一书中说：高深莫测的遗传学是等待开发的知识宝藏，它是跨越生物学与人类学的边缘学科，目前我们在实践领域还处于柏拉图时代的懵懂阶段，简而言之，尽管人们非常看重物理、化学等技术与工业学科，但是无论它们是否已经得到应用，其重要性都无法与遗传学相提并论。伴随着近代生物学、遗传学的快速发展，一些与人类发展相关的奥秘被慢慢揭开。DNA、基因、染色体、氨基酸、蛋白质交织在一起便奏出了美丽的乐章，塑造了完美的个体。本章向大家介绍遗传信息的本质——基因。

▶ 一、细胞的控制中心——细胞核

细胞是生物体基本的结构和功能单位。除病毒之外的生物均由细胞组成。但病毒生命活动也必须在细胞中才能体现。比如新型冠状病毒只有侵染了人类细胞后，才能有进一步的生命活动，离开了宿主细胞，就成了没有任何生命活动、不能自我繁殖的化学物质。人体各个器官分别由不同类型的细胞组成，执行着不同的功能。例如，人类大脑主要由数以亿计的神经元和神经胶质细胞组成，执行着人体"司令部"的功能。

细胞的体形极其微小，在显微镜下才能看见。人类首次观察到细胞是在1674年，荷兰著名磨镜技师安东尼·凡·列文虎克（Antony van Leeuwenhoek）凭借自己制作的一种能放大物体影像的镜片，观察到了血液中的红细胞。人体细胞的直径一般在 20 ～ 30 微米，大约相当于 1/2 000 个乒乓球大小。如图 1-1 所示，动物细胞的基本结构包括细胞核、细胞质、细胞膜，以及各种细胞器，如内质网、核糖体、高尔基体、线粒体、溶酶体等。

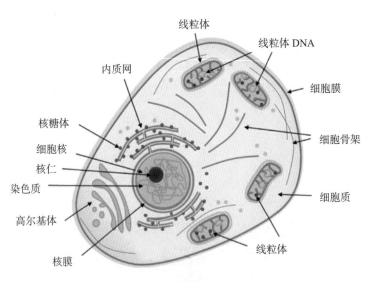

图 1-1　动物细胞的结构示意

整体来说，细胞核是细胞中最重要的结构，是细胞的控制中心，类似于细胞的"大脑"。就像是我们只有一个大脑，大多数细胞只有一个细胞核。但是，少数细胞会有多个细胞核，以满足特殊需求，如人的骨骼肌细胞很长，需要多个细胞核提供足够多的控制中心。

细胞核在细胞的代谢、生长、分化中起着重要作用，是遗传物质的主要存在部位。细胞核主要由核膜、染色质、核仁、核骨架等组成。核膜是包裹在核表面的双层膜，使细胞核成为细胞中一个相对独立的体系，形成相对稳定的环境；另外，核膜还通过核孔控制着核与细胞质之间的物质交换。核仁是细胞核中组装蛋白质合成"机器"即核糖体的部位，其主要功能是核糖体核糖核酸(rRNA)的合成、加工，以及核糖体亚单位的装配等。核骨架是由多种蛋白质形成的三维纤维网架，对核的结构具有支持作用。

染色质是间期细胞核内遗传物质的存在形式，也是细胞核中最重要的结构。染色质主要由脱氧核糖核酸（DNA）和蛋白质组成，易被碱性染料染成深色。细胞进行分裂（有丝分裂或减数分裂）时，染色质会进一步聚缩形成棒状结构，即染色体。染色质和染色体是遗传物质在细胞周期不同阶段的不同表现形态。染色质承载了亲代向子代传递的几乎全部遗传信息。细胞核为这些遗传信息的储存、复制和转录提供了主要场所。遗传信息的稳定传递便是"龙生龙，凤生凤，老鼠生来会打洞"的终极秘密。

▶ 二、父母给我最好的礼物——染色体

染色体是遗传物质——基因的载体，主要由 DNA 和蛋白质（主要是组蛋白）组成。染色体存在于每个细胞的细胞核中。不同的物种拥有不同数量的染色体，例如果蝇有8条染色体、兔子有44条染色体、马有64条染色体。我们人类的染色体是成对存在的，共有23对即46条染色体（图1-2）。其中，22对染色体为男女所共有，称为常染色

体；第 23 对染色体为性染色体，决定性别，男女不同，男性为 XY，女性为 XX。因此，男性体细胞的染色体为 22 对常染色体 +XY；女性为 22 对常染色体 +XX。

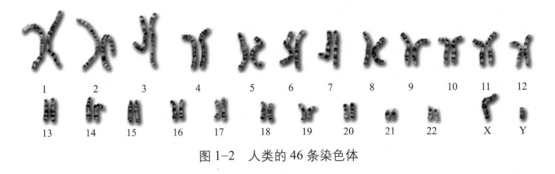

图 1-2　人类的 46 条染色体

　　人体细胞中的 23 对染色体是从哪里来的呢？众所周知，不是造物主创造了我们，而是父母创造了我们。我们分别继承了父亲的 23 条染色体（22+X 或 22+Y）和母亲的 23 条染色体（22+X）。来源于父亲的性染色体 X 或 Y 决定了子女的性别。人类有 23 对染色体，是如何做到只遗传给子女一半数量的染色体呢？答案在于生殖细胞精子或卵子发育过程中的特殊分裂方式——减数分裂。减数分裂仅发生在生殖细胞中，生殖细胞分裂过程中，染色体只复制一次，而细胞连续分裂两次，从而使染色体数目减半。受精过程中，卵子和精子的融合使染色体数目恢复，从而开启了新生命的发育过程。

　　染色体和染色质是遗传物质在细胞周期不同阶段的不同表现形态。染色体是细胞进行分裂时，由染色质聚缩而成的棒状结构，二者在化学组成上没有差异。德国生物学家弗莱明（Walther Flemming）在 1879 年首次提出了染色质的概念，并在细胞分裂过程中观察到了染色质向染色体形态变化的过程。染色体或染色质的基本组成成分为 DNA 和组蛋白。DNA 是由重复的脱氧核苷酸单元组成的长链聚合物，编码了生命的遗传信息。亲代和子代之间遗传信息的传递本质上是 DNA 的复制过程。组蛋白是构成染色质的基本结构蛋白，富含带正电荷的精氨酸、赖氨酸等碱性氨基酸，属碱性蛋白质，可以和酸性的 DNA 紧密结合，对 DNA 起着重要的结构支持作用。在细胞核内，

DNA 紧密缠绕在组蛋白的周围，并被进一步装配和包装，形成染色质结构。

DNA 是脱氧核糖核酸的英文缩写，是由脱氧核苷酸组成的大分子聚合物。脱氧核苷酸是 DNA 的基本结构和功能单位，由碱基、脱氧核糖和磷酸三部分构成。碱基和脱氧核糖以糖苷键形成脱氧核苷结构，脱氧核苷与磷酸再以酯键连接形成脱氧核苷酸。脱氧核苷酸之间以磷酸二酯键连接形成的多脱氧核苷酸链，即为 DNA。DNA 中蕴含的遗传信息是由不同碱基的排列顺序决定的。脱氧核苷酸的碱基共有 4 种：腺嘌呤（A）、胸腺嘧啶（T）、胞嘧啶（C）和鸟嘌呤（G）。DNA 长链中 A、T、C、G 的排列顺序构成了遗传信息，通过进一步指导合成核糖核酸（RNA），然后其中的信使 RNA（mRNA）通过翻译形成蛋白质，从而决定了生物体的性状，比如身高、性别、瞳孔的颜色等。

作为遗传物质的 DNA 是以双链形式存在的，即两条反向平行的多核苷酸链依靠碱基之间的氢键结合起来，形成稳定的双链结构。4 种碱基之间遵循严格的配对规则：A 与 T 配对，G 与 C 配对，反之亦然。脱氧核苷酸聚合形成的 DNA 长链可以非常长，比如人类最大的染色体（1 号染色体）含有近 2.5 亿个碱基对！每个人体细胞的 46 条染色体，总共约由 31.6 亿个 DNA 碱基对构成，其线性总长度大约为 2 米。如图 1-3 所示，DNA 双链需要进一步折叠、压缩成染色质结构，才能很好地存在于平均直径只有 6 微米的细胞核中。首先组蛋白组装成盘状八聚体，DNA 紧密缠绕其上，形成核小体颗粒，颗粒之间经过 DNA 连接，形成外径约 11 纳米的纤维串珠结构（核小体），这是染色质的一级结构；然后核小体串珠螺旋化，形成一个外径约为 30 纳米的螺线体结构；最后通过进一步的多级螺旋模型或者骨架 - 放射环结构模型，完成染色质的组装。

除一部分病毒的遗传物质是 RNA 外（如新型冠状病毒的遗传物质为线性单股正链 RNA），其余的病毒及全部具典型细胞结构的生物的遗传物质都是 DNA。在发现 DNA 为遗传物质、传递遗传信息的过程中，有很多重要的里程碑式事件。1944 年，美国细菌学家奥斯瓦尔德·西奥多·艾弗里首次证实了遗传物质是 DNA 而不是蛋白质，

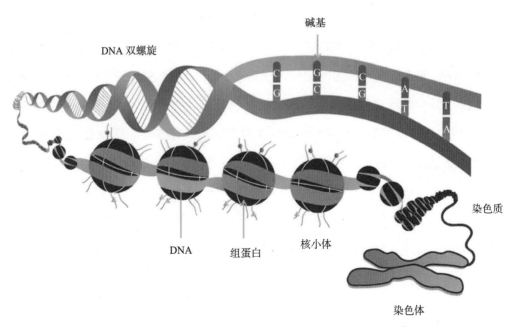

图 1-3　DNA 与染色体的结构示意

确定了 DNA 在遗传信息传递中的重要地位；1953 年，美国的詹姆斯·杜威·沃森和英国的费朗西斯·哈里·康普顿·克里克提出了 DNA 双螺旋结构的分子模型，明确了遗传信息的构成和传递的途径，开启了分子生物学时代的研究；1961 年，美国遗传学家马歇尔·沃伦·尼伦伯格和海因里希·马太率先破译了首个遗传密码，并在随后 5 年中，阐述了 20 种氨基酸对应的遗传密码，确定了 DNA 与蛋白质之间的信息关联，极大地推动了整个生命科学的发展。

▶ 三、决定我就是我的秘密——基因

DNA 作为遗传物质，并非所有的 DNA 序列都存有遗传信息。例如：人体 46 条染色体包含 31.6 亿个 DNA 碱基对，大部分 DNA 序列里不包含遗传信息。牛津大学的研究人员指出，可能只有 8.2% 的人类 DNA 起重要作用，即功能性 DNA，而其他 DNA 片段是残余的进化物质。人们将带有遗传信息的 DNA 片段称为基因。

基因是产生一条多肽链或功能 RNA 所需的全部 DNA 序列，是具有遗传效应的 DNA 分子片段，支持着生命的基本构造和性能，储存着生物性状的全部遗传信息。基因组则指生物体所有遗传物质的总和。1985 年美国提出了人类基因组计划，旨在测定组成人类染色体 DNA 的所有核苷酸序列，绘制人类基因组图谱。该计划最终由美国、英国、法国、

小贴士　人类基因组计划

人类基因组计划与曼哈顿原子弹计划和阿波罗计划并称为三大科学计划，是人类科学史上的又一个伟大工程，被誉为生命科学的"登月计划"。由美国科学家于 1985 年率先提出，美国、英国、法国、德国、日本和中国科学家共同参与了这一预算达 30 亿美元的人类基因组计划。其宗旨在于测定组成人类染色体中所包含的约 30 亿个碱基对组成的核苷酸序列，从而绘制人类基因组图谱，并且辨识其载有的基因及其序列，达到破译人类遗传信息的最终目的。人类基因组计划于 2003 年完成。人类基因组计划的进展，对未来生命科学研究的思想和方法论也带来了革命性的改变。

德国、日本和中国共同完成，中国承担了其中 1% 的任务。2000 年人类基因组草图的绘制工作完成。人类基因组项目发现：在人的基因组中，仅有 1.5% 的 DNA 序列是编码蛋白质的基因。那么人类基因组到底有多少个基因呢？从完成人类基因组计划至今，经过不断的数据分析、统计，研究人员认为人类大约有 21 000 个蛋白质编码基因。近些年来的研究发现，人类基因组中还包括大量产生非编码 RNA（指不编码蛋白质的 RNA，如长链非编码 RNA、微小 RNA 等）的基因片段，但是目前人类对整个非编码 RNA 的了解还相对较少。

蛋白质编码基因的基因结构主要由编码区和非编码区组成。编码区是指能够转录mRNA 的部分，它能够合成相应的蛋白质；而非编码区是不能够转录 mRNA 的 DNA结构，主要负责调控遗传信息的表达。如图 1-4 所示，真核生物的编码区是不连续的，由外显子和内含子组成。外显子是一个基因表达为多肽链的部分，被非编码序列隔开，这种非编码序列称为内含子。内含子序列可以被转录，但在 mRNA 加工过程中被剪切掉，因此成熟 mRNA 上无内含子编码序列，不参与编码蛋白质。在编码区的上游和下游均有非编码序列，如启动子、增强子、终止子等，它们对基因的表达调控发挥重要作用。启动子一般位于基因的转录起始位点，是一段特殊的 DNA 序列，本身并不转录，只负责启动基因的转录。增强子则能大大增强启动子的活性。终止子处于基因的末端，负责提供转录终止信号。

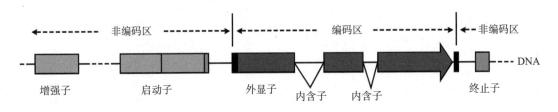

图 1-4　真核生物基因的结构示意

基因在染色体上的位置称为座位，每个基因都有自己特定的座位。人类的染色体是成对存在的，每一对称为同源染色体。每一对同源染色体，一条来自母亲，另一条来自父亲。因此，在一对同源染色体的相同座位上，存在控制同一性状不同形态的基因，人们称之为等位基因。等位基因之间可能存在显隐关系：如果等位基因中一个基因的作用可以抑制另一个基因的作用，人们就称前一个基因对后一个基因为显性；相反，后一个基因对前一个基因为隐性。例如：控制人类双眼皮 / 单眼皮性状的是一对等位基因，其中双眼皮是显性性状，单眼皮是隐性性状。假设控制双眼皮的基因是 A，控制单眼皮的基因是 a。如果你体内分别来自父母的一对同源染色体上携带的等位基因是 AA 或者 Aa，就决定了你是双眼皮；如果是 aa，则决定了你是单眼皮。但遗传信息的传递和体内基因表达的调控，远非如此简单。遗传学家和分子生物学家仍在不停地探索这些规律，希望在未来能揭示生命的这些奥秘。无论如何，现在你知道了，虽然你体内的遗传物质完全来源于父亲和母亲，但你并不是父母的简单拷贝，你就是独一无二的个体。

总而言之，染色体、DNA、基因是构成生命的蓝图，是指导身体合成物质的图纸。染色体、DNA、基因代表不同的层次，储存着生命的全部遗传信息，一切生命现象和过程都与此相关。

▶ 四、孙悟空的金箍棒——DNA 的折叠包装

20 世纪 40 ～ 50 年代，人们已经逐渐认识到 DNA 可能是机体的遗传物质，但对 DNA 的结构却一无所知。DNA 结构的解析是无数科学家努力的结果，其中有 4 位非常重要的科学家，他们是罗莎琳德·埃尔西·富兰克林（Rosalind Elsie Franklin）、莫里斯·休·弗雷德里克·威尔金斯（Maurice Hugh Frederick Wilkins）、詹姆斯·杜威·沃森（James Dewey Watson）和弗朗西斯·哈里·康普顿·克里克（Francis Harry Compton Crick）。

1945 年富兰克林博士毕业后前往法国学习 X 射线衍射技术，后回到伦敦国王学院与威尔金斯成为同事，利用 X 射线衍射法研究 DNA 的结构。1951 年，沃森来到卡文迪什实验室从事研究工作，并遇到了他的搭档克里克。沃森和克里克凭借他们强大的想象力推断出 DNA 可能具有 3 条螺旋链，但这个猜想却遭到了富兰克林的反对，因为这个模型中水的含量与她测定的模型中水的含量相差甚远。直到 1952 年，富兰克林拍摄到了解析 DNA 结构最重要的一张 X 射线晶体衍射照片，也就是经典的"照片 51 号"——后来被证实是 B 型 DNA（图 1-5）。根据这张衍射照片，沃森和克里克对其之前的模型进行修正，确定 DNA 是以磷酸基团为骨架的双螺旋结构，并在 1953 年将这一成果发表在《自然》杂志上。1962 年，沃森、克里克和威尔金斯因此共同获得诺贝尔生理学或医学奖。很遗憾 1958 年富兰克林因病逝世，未能同时获得诺贝尔生理学或医学奖。但令人欣慰的是，为了鼓励更多的英国女性进入科研岗位，英国在后来设立了"富兰克林奖章"，以奖励像富兰克林那样在科研领域做出重大创新的科学家。

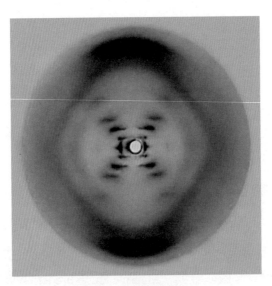

图 1-5　富兰克林拍摄的照片 51 号

时至今日，我们对 DNA 的结构有了清晰的认识。磷酸基团和脱氧核糖核酸通过

3′,5′-磷酸二酯键发生聚合反应形成多聚核苷酸链骨架，两条多聚核苷酸链反向平行盘绕成直径为 2 纳米的双螺旋结构，4 种碱基［分别为腺嘌呤（A）、胞嘧啶（C）、胸腺嘧啶（T）、鸟嘌呤（G）］遵循 A-T、G-C 配对原则，通过氢键结合，位于螺旋内部，这很像一座螺旋形的楼梯，两侧扶手是两条多聚核苷酸链的糖－磷基团交替结合的骨架，而踏板就是碱基。人类基因组由约 31.6 亿个碱基对形成，脱氧核苷酸单体长度约为 0.33 纳米，如果将 DNA 按照脱氧核苷酸的线性排列粗略计算，DNA 可以形成约 2 米长的脱氧核苷酸链。那么，人体是如何将约 2 米长的 DNA 链压缩、包装成必须依靠显微镜才能看见的染色质的呢？这就像孙悟空对金箍棒施咒语一样，长长的金箍棒瞬间就可以变小变小再变小，最后被他塞到耳朵里看不见，这究竟是什么神奇的魔法呢？下面我们就来一起探寻一下吧！

　　首先我们需要简单地了解基因、DNA 和染色体之间的关系。基因是具有遗传效应的 DNA 片段，每条 DNA 由许多基因排列组成。人类是二倍体生物，减数分裂形成的精子和卵子各携带一套来自亲本的信息，形成受精卵时遗传物质进行组合，形成了 23 对染色体（22 对常染色体和 1 对性染色体）。一条染色体仅含有一条 DNA 链，染色体是 DNA 分子携带遗传信息的主要载体。线性 DNA 分子的整个压缩、组装过程类似于放风筝时拧线团，风筝线放在空中很长很长，但是如果我们以一个中轴为支点不停地缠绕，很快风筝线就能变成工整的线团。那么染色体的包装以什么为支点呢？那就是人体内一类特殊的结构蛋白——组蛋白（H1、H2A、H2B、H3、H4，其中 H1 不参与形成核小体），4 种组蛋白形成八聚体位于轴心，DNA 双链就像柔性的丝带缠绕在组蛋白外周，约含 147 对碱基对（bp）的 DNA 分子盘绕在组蛋白八聚体构成的核心结构外面 1.75 圈，形成了一个直径约 11 纳米的核心颗粒——核小体，一个核小体就像一个独立的念珠，组蛋白 H1 缠绕约 60 bp 的 DNA 将一个个念珠串联起来形成染色质细丝。即使这样也仅仅只是将 DNA 压缩至原体积的 1/7 ～ 1/6 而已，还远远不够。于是这些核小体就像编织花环一样每 6 个念珠排成一个直径约 30 纳米的螺线体，这样 DNA 的长度又压缩至核小体的 1/6，随后螺线体就不停地扭曲压缩形成超螺旋体。就像人们平常晾晒衣服时为了去除多余的水分将衣服两端朝不同的方向拧，衣服的体积也会越变越小。从螺线体的正上方看，也可以理解为将一个弹簧不停地用外力压缩至不能再压缩的状态，此时形成了直径约 300 纳米的染色质纤维，染色质纤维折叠盘绕成直径约 700 纳米的染色体（图 1-6）。随着后来技术的进步，美国的女科学家发明了荧光显微成像技术，能够在不损伤细胞完整性的情况下，对细胞减数分

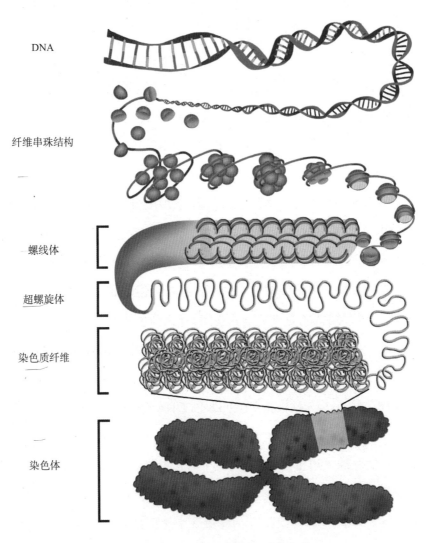

DNA

纤维串珠结构

螺线体

超螺旋体

染色质纤维

染色体

图 1-6　DNA 折叠形成染色体

裂期和分裂间期的染色质进行高精度的成像，她通过三维成像揭示了人体内的染色体并没有形成直径为 30 纳米、120 纳米、300 纳米的高阶纤维结构，反而是形成柔韧的、直径为 5 ～ 24 纳米的链条，它们能够自由弯曲、包装、组合，以形成更高级的压缩形态。但无论染色体以何种形式存在，DNA 都像是变魔术一样被神奇地压缩至初长度的 1/10 000 ～ 1/8 000，形成了纳米级别的染色体。

▶ 五、聪明的基因——决策者和执行者

DNA 携带的遗传信息是怎样决定生物性状的呢？答案就是遗传信息传递的中心法则。1958 年，克里克依据已有的研究发现提出了遗传信息流理论，即 DNA 通过转录流向 RNA，再由 RNA 将信息传递给蛋白质，由蛋白质执行生物性状。这一理论的提出在当时仍具有一定的假设性，但克里克肯定了 DNA 作为遗传信息决策者的地位，由 DNA 发号施令，RNA 和蛋白质则作为"打手"去执行它的决定。马歇尔·尼伦伯格、哈尔·霍拉纳解析了遗传三联密码，即每 3 个相邻的碱基为 1 个密码子，决定 1 个氨基酸序列。他们因在遗传密码上的突破而在 1968 年被授予了诺贝尔生理学或医学奖，这也进一步论证了克里克中心法则的核心思想。

如果将基因信息流向

小贴士　密码子偏好性

当同一种氨基酸对应两个及以上密码子时，不同物种和不同生物体使用密码子不是按均等概率使用的，而是更偏向于使用某一些特定的同义三联密码子。

蛋白质这一过程比喻为盖房子，那么首先我们需要确定地基位置，即DNA转录的具体位点，转录起始复合物锚定在启动子区并募集RNA聚合酶，以腺苷三磷酸（ATP）、胞苷三磷酸（CTP）、鸟苷三磷酸（GTP）、尿苷三磷酸（UTP）为原料开始合成信使RNA（mRNA），并在延伸复合物的辅助下不断延长mRNA，最终形成一条成熟的mRNA。就像利用水泥、河沙、钢筋、砖石合成钢筋混凝土一样，mRNA按照密码子表翻译成对应的氨基酸，再经过组装折叠形成成熟的蛋白质，这一过程就是根据不同图纸将钢筋混凝土铸成房屋的过程，而mRNA（钢筋混凝土）就是连接DNA（地基）与蛋白质（房屋）的纽带。值得注意的是，生物体存在4种碱基，如果每3个碱基决定1个氨基酸序列，那么理论上就应该存在4^3=64种氨基酸，但是实际上天然氨基酸只有20种，这就提示可能存在多种密码子对应同一种氨基酸的情况。例如，CUU、CUC、CUA、CUG 4种密码子都可以编码亮氨酸，我们称之为密码子的简并性。理论上这4种密码子均有同等机会被亮氨酸利用，可实际上是这样吗？生物学家观察发现，不同物种使用密码子的喜好有很大的不同，如人类和小鼠使用CUG密码子的频率远高于其他3种，而酵母除CUC以外，使用其他3种密码子的频率相当。这就好比有人喜欢吃草莓，有人喜欢吃香蕉，密码子具有偏好性。

基因就像人的意识一样，如果大脑发出进食的指令，那么我们就会用手获取食物，用嘴咀嚼食物，手和嘴是执行进食的工具，mRNA和蛋白质就是执行基因指令的工具。但现实生活中也经常遇到"我让你往东，你偏要往西"的情况，基因也是一样的，基因转录出的RNA也并不是全部都能翻译成蛋白质，它们虽然不翻译成蛋白质，但是也以RNA的形式行使着不同的功能。其中核糖体RNA（rRNA）和转运RNA（tRNA）的表达含量是最高的，顾名思义rRNA就是核糖体的组成部分，为蛋白质合成提供场所，而tRNA则是氨基酸的搬运工。当然自然界中还存在着许多形式的非编码RNA，如小核RNA（snRNA）就像一把神奇的剪刀，可以将mRNA的外显子进行不同方式的拼接，从而形成不同结构的蛋白质。

克里克的核心思想认为基因就是决定生物性状的最高层，遗传信息不可能逆流。

当时的人们可能谁也不会去怀疑这个解析 DNA 双螺旋结构的大科学家，直到 1965 年，RNA 病毒的发现开启了另一扇科学的大门。RNA 病毒中的遗传物质是 RNA 而不是 DNA，一部分 RNA 病毒可以直接将 RNA 作为 mRNA 翻译蛋白，另一部分 RNA 则是借助于 RNA 聚合酶的作用，以自身为模板合成互补的 RNA 链，由新合成的 RNA 作为 mRNA 翻译蛋白质。不管哪种方式，我们都可以清晰地看到 RNA 在这个生物群体里变成了主宰者，不再是基因的"小弟"了，它有能力决定自己的生物性状。在谈"艾"色变的当今社会，相信大家对人类免疫缺陷病毒（HIV）和获得性免疫缺陷综合征（AIDS，又称艾滋病）早已不陌生。HIV 是 RNA 体现其智慧的一大力作，它是一类相对比较特殊的 RNA 病毒，叫作逆转录病毒。双链 RNA 作为遗传物质看着似乎没什么过人之处，但在它的基因组上可以编码整合酶，它就像一个黏附剂，可以将 HIV 逆转录出来的双链 DNA 整合至宿主的基因组中，从而与宿主长期共存，这就是

小贴士　逆转录病毒

逆转录病毒是一类遗传信息储存于 RNA 的特殊 RNA 病毒，它含有两条单股正链 RNA，两端为长末端重复序列（LTR），有利于整合于宿主基因。逆转录病毒 RNA 不进行自我复制，而是在进入宿主细胞后逆转录形成双链 DNA，在整合酶的作用下，双链 DNA 整合至宿主染色体形成前病毒，实现与宿主长期共存，并可随宿主细胞分裂传递至子代细胞。

所谓的艾滋病潜伏期。艾滋病的潜伏期通常在 10 年之内，但有的却长达 15～20 年。HIV 进入体内可以攻击 $CD4^+$ 免疫细胞，一旦免疫细胞功能急剧下降，人们就会面临各种感染、肿瘤的发生，此时患者就正式进入艾滋病的发病期。病毒是不能独立于细胞存在的，那么从进化的角度来说，潜伏期越长的病毒则更有利于生存，如潜伏期短的埃博拉病毒（RNA 病毒）一旦发病，患者就会因为出血热死亡，宿主一旦死亡，寄生的病毒就会死亡，因此从这个角度看，HIV 算是一个"精明"的病毒。

▶ 六、不是每个基因都干活——偷懒者

蛋白质是一切有机生命体的物质基础，是生物性状的执行者。而基因控制了蛋白质的合成。为了控制性状和适应环境，基因组中并不是所有的基因都在时时刻刻地工作着，"偷懒者"大有人在！比如，基因在适当的时候进行开放与关闭，不是所有时间所有基因都统统表达来维持生物性状，而是该出手时才出手。

生物体在个体发育的不同时期、不同部位，通过对基因转录等的调控，可以实现基因的选择性表达。基因的选择性表达，其实就隐藏了两个重要信息：DNA 序列并不是无时无刻都全部"打开的"，且不是所有的转录因子都是随时待命的。基因的选择性表达主要包括 3 种情况：一是基因在不同的空间里表达。人体所有细胞所含的基因组是一致的，但是每种组织中细胞的基因表达千差万别，从而赋予不同的细胞不同的生理功能。如胰岛细胞能合成胰岛素来降低血糖，黏膜上皮细胞能合成抗菌蛋白来防止感染。二是基因在不同时间里表达，有早晚之分。如有些基因在胎儿阶段就开始表达，而有些基因在成年阶段才开始表达。三是基因在特定的环境作用下表达。基因选择性表达可受环境因素影响。如正常生物体内的原癌基因不表达，在外界环境因素（如物理、化学、生物方面）的影响下，生物体内原癌基因由抑制状态转变为激活状

态，导致出现癌症。

机体细胞核内存在一些包装折叠紧密、转录不活跃的染色质或者染色质片段，人们称之为异染色质。异染色质是非活性转录区，真核生物可以通过异染色质化而关闭基因的表达。例如：女性体细胞中的两条 X 染色体在胚胎发育早期都是有活性的常染色质，约在胚胎发育的第 16 天，其中一条 X 染色体失去活性转变成异染色质，形成染色深的颗粒——巴氏小体（图 1-7），此为 X 染色体的去活化现象。变成异染色质的 X 染色体上的大部分基因沉默、不工作，只有少数基因维持表达。整条染色体上的基因"偷懒"，可以说是女性基因表达的特有现象。

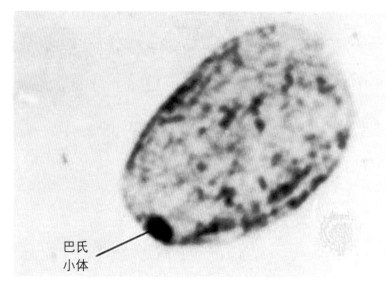

巴氏
小体

图 1-7　显微镜下女性体细胞中的巴氏小体

生物进化过程中，人体面对环境的改变需要做出最优化的应对方式，以达到生存的目的，基因也不例外。大多数物种在特定的时间、空间下启动特定的基因表达来应对周围的环境，其余基因则处于关闭状态。这似乎让某些基因看起来就像一个"偷懒者"。实际上，细胞就像工厂，里面有很多条流水线进行生产加工，当工厂产品储备量可以满足市场需求时，那么可能就会关闭一部分流水线作业，以节约人力成本；当市场出现供不应求时，则所有生产线会火力全开以满足市场需求，工厂产能并不是一成不变的，而是根据市场需求灵活调整。

　　以国宝熊猫的进化为例，熊猫最早是以食肉动物出现，但冰河世纪全球气温降低，迫于严寒，动物大举南迁，食物供应不足，因此熊猫被迫以秦岭及四川地区储量丰富的竹子为主食。在熊猫的进化过程中，基因发挥了重要的调控作用。*T1R1* 基因能决定动物能否尝出肉的鲜味，熊猫体内的 *T1R1* 基因在长久的吃素过程中逐渐关闭，虽然熊猫还保留一部分食肉的特征，但在食物充足的时期，它们仍然很开心地维持了以竹子为主的食性。由于竹子能提供的能量相当有限，部分基因随之做了适应性的改变。熊猫 *DUOX2* 基因的突变，使甲状腺素合成减少，体内新陈代谢速率降低，熊猫的代谢水平维持在同等体重的人的一半，这样更有利于熊猫的生存。由此可见，正是部分熊猫基因做了适应性的调整，变成"偷懒者"，才让熊猫躲过了 800 万年岁月的侵蚀。

第二章
从孟德尔、摩尔根到沃森和克里克
——基因背后的故事

▼

作为地球上的高等生物——人类，其实和低等生物本质一样，都是由带有遗传信息的 DNA 片段即基因控制的，人们的生、老、病、死无不和基因息息相关。但直到 20 世纪初基因才被人们认识，它的发现无疑是生命科学的重大里程碑，并推动了整个生命科学的飞速发展和进步。基因的发现也是一个历经曲折的探索过程，无数的科学家投身其中。基因的发现最早源于遗传学，而遗传学的鼻祖无疑就是大名鼎鼎的孟德尔了，孟德尔的分离定律、自由组合定律和摩尔根的连锁与互换定律是遗传学三大定律，直到现在也是我国中学生物课中的重点。而这些定律背后的故事，你知道多少？下面就让我们一一揭晓。

▶ 一、现代遗传学之父——孟德尔

作为现代遗传学之父的格雷戈尔·约翰·孟德尔（Gregor Johann Mendel）生前并不像我们想象的那么风光，他的研究成果直到论文发表后的 34 年，才得到了大家的重视。下面让我们一起来回顾孟德尔坎坷的一生，共同缅怀这位 19 世纪杰出的遗传学家！

1. 聪明好学的孟德尔

1822 年 7 月 22 日，孟德尔出生在奥地利西里西亚（现属捷克）海因策道夫村的一个贫寒的农民家庭里，父亲和母亲都从事园艺工作，来自家庭的熏陶，使得童年时期的孟德尔对植物的生长和开花非常感兴趣。

1840 年他考入奥尔米茨大学哲学院，主攻古典哲学。1843 年，孟德尔大学毕业后想继续深造，但他是穷人家的孩子，没有经济来源，为了生计进了布隆城奥古斯汀修道院。做修道士工作需要对社区居民心灵布道，但他为人羞涩，不善交谈，故做得不好，就被安排去附近中学做代课老师。可参加教师资格考试又因为生物学考试不及格，他没拿到教师证。考官当时要他对哺乳动物进行分类，他自己杜撰一通，还把袋鼠和大象归到了一起。考官在评语里写："申请人似乎对专业术语一窍不通，他毫不顾忌系统命名法的规则，只会用德语口语称呼那些动物的名字。"好在慈如人父的院长看他聪明好学，就推荐他到首都维也纳大学学习进修。幸运的是，孟德尔遇到了物理老师多普勒——多普勒效应的发现者，并且还学习了数学。虽然在维也纳大

小贴士　遗传学分离定律

在杂合子细胞中，位于一对同源染色体上的等位基因，具有一定的独立性；当细胞进行减数分裂时，等位基因会随着同源染色体的分离而分开，分别进入两个配子当中，独立地随配子遗传给后代。

学仅仅学习了 2 年，但这给他日后的工作打下了深厚的数理知识基础。

2. 豌豆杂交实验

孟德尔一直对生物非常感兴趣，当时的欧洲，人们热衷于通过植物杂交实验了解生物遗传和变异的奥秘。1856 年，回到布鲁恩不久，孟德尔就开始了豌豆杂交实验。孟德尔首先从许多种子商那里，弄来了 34 个品种的豌豆，从中挑选出 22 个品种用于实验。它们都具有某种可以相互区分的稳定性状，例如高茎或矮茎、圆粒或皱粒、灰色种皮或白色种皮等。起初，孟德尔豌豆杂交实验并不是有意为探索遗传规律而进行的，他的初衷是希望获得优良品种，只是在实验的过程中，逐步把重点转向了探索遗传规律。孟德尔通过人工培植这些豌豆，对不同代的豌豆的性状和数目进行细致入微的观察、计数和分析。他酷爱自己的研究工作，经常指着豌豆向前来参观的客人十分自豪地说：“这些都是我的儿女！”

经过 8 个寒暑的辛勤劳作，孟德尔发现了生物遗传的基本规律，并得到了相应的数学关系式。人们分别称他的分离定律为“孟德尔第一定律”，自由组合定律为“孟德尔第二定律”，它们揭示了生物遗传的基本规律。

以孟德尔的豌豆杂交实验为例（图 2-1 左），开紫花豌豆与开白花豌豆杂交所产生的子一代（F_1）植株，全开紫花。在子二代（F_2）群体中出现了开紫花和开白花两类，比例为 3：1。孟德尔曾反过来做白花与紫花的杂交，结果完全一致，这说明 F_1 和 F_2 的性状表现不受亲本组合方式的影响，父本性状和母本性状在其后代中还将是性状分离的。3：1 的比例为性状分离比。若将分离定律用基因型表示，以 A 代表显

小贴士　遗传学自由组合定律

当具有两对（或更多对）相对性状的亲本进行杂交，在子一代产生配子时，在等位基因分离的同时，非同源染色体上的非等位基因表现为自由组合。

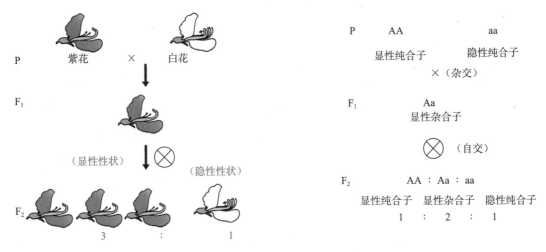

图2-1　孟德尔的豌豆杂交实验

性性状，a代表隐性性状，则发现子F_2基因型占比为AA：Aa：aa=1：2：1（图2-1右）。

再例如，仍以豌豆进行实验，观察两对相对性状即叶子的颜色（黄色和绿色）和种子的形状（圆粒和皱粒）。一个亲本是黄色圆粒，另一个亲本是绿色皱粒，所得F_1全是黄色圆粒种子。故豌豆的黄色对绿色是显性，圆粒对皱粒是显性。F_1自交，则在F_2中有4种表现类型，分别是黄色圆粒、绿色圆粒、黄色皱粒、绿色皱粒，它们的占比大约为9：3：3：1（图2-2）。

3. 险些被遗忘的天才

达尔文进化论的核心是自然选择学说，但是他找不到一个合理的遗传机制来解释自

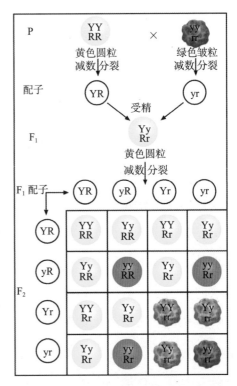

图2-2　两对相对性状的豌豆杂交实验

然选择，无法说明变异是如何产生，而优势变异又如何能够保存下去。事实上，对于遗传的机制，当时的科学界一无所知。达尔文为此苦恼终身。达尔文不知道的是，这些问题早在 7 年前就已经被奥地利修道院一个业余的生物学家孟德尔通过豌豆杂交实验解决了，生物科学大厦的另一个支柱早已立好。但是孟德尔在 1865 年发表的成果被科学界忽略了，直到他逝世 16 年后即 1900 年，孟德尔遗传定律才被"重新发现"。孟德尔揭示遗传基本规律的过程表明，任何一项科学研究成果的取得，不仅需要坚韧的意志和持之以恒的探索精神，还需要严谨求实的科学态度和正确的研究方法。

▶ 二、果蝇实验之父——摩尔根

托马斯·亨特·摩尔根（Thomas Hunt Morgan），美国实验胚胎学家、遗传学家（图 2-3）。他在孟德尔定律的基础上，创立了"基因学说"。

1. 孟德尔的接班人

1865 年的秋天，在奥地利布台恩自然科学协会的年会上，孟德尔宣读了题为《植物杂交实验》的论文，当时并没有引起过多关注。而同年的冬天，远在美国的巴尔的摩举行了一场盛大的婚礼，新郎名叫查尔顿·摩尔根，新娘名叫埃伦·基·霍华德。1866 年，摩尔根夫妇的第一个孩子出生了，起名叫托马斯·亨特·摩尔根。当时，没有谁会将发生在奥地利和美国

图 2-3　托马斯·亨特·摩尔根

的这两件事联系在一起，但几十年后，人们发现这似乎是一种事先安排好的巧合，一种探寻生命遗传规律的巧合。摩尔根继承了孟德尔所开创的遗传学说，并将其发展成

现代经典遗传学理论。他好像就是为了接孟德尔的班而来到了这个世界。

从小，摩尔根就对各种生物有着极大的兴趣，强烈的好奇心使他想弄清楚动物身体的构造。他的童年每天最重要的事便是拿着捕捉蝴蝶用的网，同小伙伴们一起四处采集蝴蝶标本，这使他的童年生活多姿多彩，充满了乐趣。在他10岁的时候，他请求父母把住宅顶楼的两个房间作为他的工作间来放置标本。他仔细地整理了各种鸟类标本、鸟蛋、蝴蝶标本、化石，并细心地贴上标签，工工整整地陈列在里面。

摩尔根对知识的热爱，使他在学习上倾注了极大的热情。14岁时，他考入肯塔基州立学院（现为肯塔基州立大学）的预科学习。2年后，16岁的摩尔根顺利地转入了大学本科，他选择的是理科专业，他最感兴趣的博物学贯穿于大学4年的课程之中。摩尔根对博物学的爱好一直延续到他的老年，他日后从事的胚胎学、遗传学研究，可以说是这种爱好自然而然的发展与深化。

2. 摩尔根的"好伙伴"——果蝇

1886年，摩尔根在肯塔基州立学院获得了理学学士学位，随后他进入了霍普金斯大学的研究生院。在霍普金斯大学读书和留校任教的岁月里，摩尔根始终保持着对生物学界进展的高度关注。当1900年孟德尔的遗传学研究被"重新发现"后，不断有遗传学的新消息传到摩尔根的耳朵里。摩尔根一开始对孟德尔的学说和染色体理论表示怀疑。怀疑归怀疑，摩尔根依然在自己的实验室里忙碌着。1908年，他开始用果蝇作为实验材料，研究生物遗传性状中的突变现象。

果蝇的快速繁殖使摩尔根和他的研究生有时迫不得已也做"梁上君子"，去偷附近居民的牛奶瓶。为了拿到突变的果蝇，这批果蝇遭到了摩尔根的百般折磨，他使用X射线照射，用不同的温度，加糖、加盐、加酸、加碱，甚至不让果蝇睡觉。2年很快过去了，摩尔根一无所获，但命运还是眷顾勤奋的人，1910年5月，摩尔根在红眼的果蝇群中发现了一只异常的白眼雄性果蝇（图2-4）。摩尔根激动万分，将这只果蝇像稀世珍宝一样守护着，好在白眼果蝇不负众望，在与一只红眼雌性果蝇交配后将突变的基因留给了下一代果蝇。在第二代杂交果蝇中，红眼果蝇和白眼果蝇的比例，基本符合 3：1 的比例，实验结果完全符合孟德尔从豌豆杂交实验中总结出的定律。

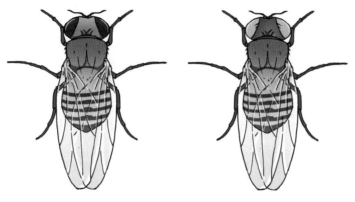

图 2-4　红眼果蝇和白眼果蝇

小贴士　果蝇

果蝇比苍蝇要小，体长小于 0.5 厘米，饲养容易，繁殖力强，1 天时间卵即可孵化为蛆，2～3 天变成蛹，再过 5 天羽化为成虫，1 年可以繁殖 30 代；果蝇细胞内的染色体很简单，只有 4 对 8 条，果蝇性状变异很多，比如眼睛的颜色、翅膀的形状等性状都有多种变异，以上这些特点对遗传学研究有很大好处。

3. 遗传领域第一个诺贝尔奖获得者

摩尔根坐在显微镜旁边，他发现了一个不同于孟德尔定律的现象。这些白眼果蝇居然全部是雄性，没有一只是雌性。也就是说，突变出来的白眼基因伴随着雄性个体遗传。摩尔根判断，白眼基因位于性染色体 X 上，于是把这种白眼基因跟随 X 染色体遗传的现象叫作连锁。摩尔根进一步发现，染色体上的基因连锁群并不像铁链一样牢靠，有时染色体也会发生断裂，甚至与另一条染色体互换部分基因。这就是互换定律。

摩尔根凭借连锁与互换定律（图 2-5）在 1933 年获得了诺贝尔生理学或医学奖，并把奖金分给了实验室的工作人员。摩尔根是第一个因为在遗传领域做出贡献而获得诺贝尔奖的人，他用果蝇杂交实验证明了萨顿提出的基因在染色体上。

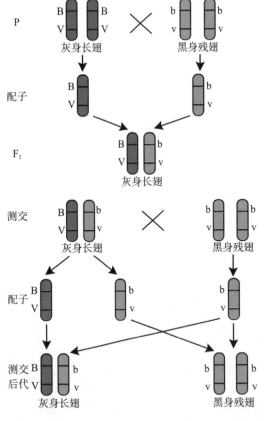

黑身基因和残翅基因位于同一条染色体上。当两种纯合的亲代果蝇交配后，F_1 的基因型为 BbVv，表现型是灰身长翅。在 F_1 雄果蝇产生配子时，原来位于同一条染色体上的两个基因（B 和 V，b 和 v）就不能分离，而是连在一起向后代传递。因此，当 F_1 雄果蝇与黑身残翅的雌果蝇交配后，只能产生灰身长翅和黑身残翅两种类型，并且这两者的数量各占 50%。像这样，位于一对同源染色体上的两对（或两对以上）等位基因，在向下一代传递时，同一条染色体上的不同基因连在一起不相分离的现象，叫作连锁。

图 2-5 果蝇的连锁遗传图解

▶ **三、基因的命名者——约翰逊**

　　"基因""基因型""表现型"这些耳熟能详的词，你们知道是谁提出来的吗？他就是丹麦遗传学家维尔赫姆·路德维希·约翰逊（Wilhelm Ludwig Johannsen，图2-6）。

图2-6　维尔赫姆·路德维希·约翰逊

1. 自学成才的约翰逊和他的菜豆实验

　　1857年2月3日，约翰逊出生于丹麦首都哥本哈根。他15岁中学毕业后由于家庭贫困，负担不起大学的费用，遂成为药剂师的学徒。约翰逊先后在丹麦和德国药房的工作中自学化学并同时培养起对植物学的兴趣。1881年他开始任卡尔斯堡实验室化学部助理，研究植物种子、块茎和芽的休眠，并于1887年发现抑制植物芽类冬眠的方法。1892年他成为哥本哈根农学院的讲师，教授植物学和植物生理学。1905年他担任该校教授，全力进行遗传学实验。在此期间，他受弗朗西斯·高尔顿的《遗传理论》一书中"如果用自花授粉的植物后代，选择是无效的"这一理论的影响，开始了著名的菜豆实验，最终提出了"纯系学说"。

约翰逊从市场上买来菜豆，这些菜豆种子有轻有重，参差不齐，轻的仅150毫克，重的可达900毫克。因为菜豆是自花授粉植物，他从中挑出了轻重不一的19粒菜豆，分别进行自交后传代，建立了19个纯系。所谓纯系，就是一粒种子的后代。不同纯系间的平均种子质量有明显差异，轻种子产生轻种子后代，重种子产生重种子后代。然而在一个纯系内，豆粒虽也有轻有重，并且呈连续分布，但其平均种粒质量与亲代几乎没有差异。因此，约翰逊认为，一个纯系内的种粒质量变异是不遗传的，而不同纯系间的变异至少一部分是遗传的。

约翰逊的菜豆实验前后进行了6年。在6年内，他选出纯系内最大的种子和最小的种子，将它们分别种下，由大种子和小种子产生的后代种子平均质量始终一样，看不出有什么区别。例如用纯系内的250毫克和420毫克的轻、重种子种下后分别产生400毫克和410毫克的种子。

约翰逊的菜豆实验清楚地表明，在一个混杂的群体内，粒重性状的连续变异是遗传变异和非遗传变异共同作用的结果；但在一个自花授粉的单粒种子后代即纯系内，基因型是一致的，是高度纯合的，其变异只是环境影响的结果，是不遗传的，所以在纯系内选择也是无效的。纯系中的变异（菜豆种粒质量的大小）一般只是环境引起的表现型变异，而这种变异并不遗传。

2. 基因一词的诞生

在遗传学史上，英国遗传学家贝特森于1905年最先命名了"遗传学"，并提出"杂合子""纯合子"等概念。1909年，约翰逊采纳了一个缩短了的泛生子（pangen）一词的衍生词——基因（gene）来描述遗传性状的物质基础。但是，他当时并没有提出基因的定义，他仅仅认为基因将被用作一种计算或统计单位。尽管约翰逊不承认基因是一种物质，但"基因"一词还是很快就被采纳了，因为这个词满足了表明遗传单位技术术语的需要。不过，基因定义的缺乏，成为导致后来某些争议的部分原因。从把基因定义成不可见的遗传的亚显微单位到完全了解它的本质，这中间走过的路是漫长而又曲折的。实际上，一部遗传学史就是人们对于基因本质不断认识和再认识的历史。

约翰逊的菜豆实验和纯系学说的提出，以及关于遗传的几个重要概念的建立奠定了他在遗传学发展史上的重要地位。

四、破解生命之谜——沃森和克里克

DNA 分子结构的发现是 20 世纪伟大的科学成就之一，完全可以与达尔文的进化论、孟德尔的遗传定律相媲美。这一发现为现代分子生物学、遗传学、医学等领域的研究开辟了新纪元。

1. 充满浪漫情调的沃森

1928 年 4 月 6 日詹姆斯·杜威·沃森（James Dewey Watson，图 2-7）出生于美国芝加哥的伊利诺斯一个圣公会教徒家庭。在沃森家里，书籍和知识占据非常重要的位置。每周末沃森父亲带领他步行 1 英里（约 1.6 千米）去公共图书馆阅读各种图书，而且每次都带回一大摞书在下周品读。父亲崇尚有思想的人，喜欢各类哲学书籍，而沃森从中挑出自己喜欢的科学类书籍来读，沃森 7 岁时收到最中意的圣诞节礼物是一本关于鸟类迁徙的书。沃森父亲从青少年起就沉醉于鸟类观察，

图 2-7　詹姆斯·杜威·沃森

受父亲的影响，沃森也欣然加入，这使他的生活在大萧条时期仍然充满浪漫的情调，直至上高中他仍然迷恋于在公园、野外沙丘间寻找稀有的鸟。在天气不适合观察鸟的时候，沃森仔细研读进化论方面的知识和达尔文的自然选择理论，他开始梦想成为科学家。

1943年沃森提前2年中学毕业，进入芝加哥大学学习，并非由于他特别聪明，这在很大程度上归功于他的母亲——乔安娜，因为她发现芝加哥大学校长罗伯特·哈金斯正在进行一项教育改革，她为沃森填写奖学金申请表，并支付每天6美分的车费，沃森才如愿进入大学学习动物学。在芝加哥大学的最初2年，沃森的成绩并没有使他展露出在科学方面的天赋；但在此期间他有机会聆听当时世界上优秀的基因学家之一斯沃尔·莱特讲课，这是沃森崇拜的第一个科学家。基因的概念融入他的大脑，使他做出了一生最重要的决定，要把基因研究作为一生的主要研究目标。

1947年沃森在芝加哥大学毕业并获得理学学士，3年后他在芝加哥大学获得动物学博士学位。1951年秋，沃森赴欧洲的哥本哈根进行为期1年的基因转移研究，但并未获得令人振奋的结果。在国家小儿麻痹研究基金资助下，他转往剑桥大学卡文迪什实验室，在那里沃森结识了比他年长的弗朗西斯·哈里·康普顿·克里克。

2. 无神论者克里克

1916年6月8日弗朗西斯·哈里·康普顿·克里克（Francis Harry Compton Crick，图2-8）出生于英国的北安普敦一个中产阶级家庭，父亲与伯父共同经营一座祖传的制鞋工厂，一家人信仰基督教，星期天早上会上教堂。但从12岁起，对科学日渐增长的兴趣，使他对基督教慢慢产生怀疑，成为一个强烈无神倾向的不可知论者和怀疑论者。克里克后来回忆说："毫无疑问，对基督教失去信仰、对科学的逐渐执着，是我科学生涯的关键一部分。"

上大学期间，克里克主修物理学，辅修数学，而且同沃森一样，克里克的成绩平平，并未见过人之处。1937年他从伦敦大学毕业后继续攻读物理学博士。

第二次世界大战结束后，经过选择和思考，克里克很快找到感兴趣的研究方向：

一是生命与非生命的界限，另一个是脑的作用。1947年，克里克在剑桥大学工作2年之后转到以结晶技术研究巨分子结构著称的剑桥大学医学研究中心实验室，在那里，他对X射线衍射模式的解释产生了浓厚的兴趣。但直到1951年沃森到剑桥大学之后，他才真正开始进行DNA的研究。

3. 不畏权威，幸运眷顾

当时，23岁的沃森和35岁的克里克并不是资深的生物学专家，在DNA分子结构探索方面他们还有两个强有力的竞争对手：一个是伦敦大学的威尔金斯和他的助手富兰克林，另一个是美国加州理工学院的化学家鲍林。威尔金斯与富兰克林根据X射线衍射研

图2-8 弗朗西斯·哈里·康普顿·克里克

究已经知道了DNA分子由许多亚单位堆积而成，而且DNA分子是长链的多聚体，其直径保持恒定不变。鲍林通过对蛋白质α螺旋的研究，认为大多数已知蛋白质中的多肽链会自动卷曲成螺旋状。

然而，沃森和克里克在《自然》杂志1953年4月25日的那一期发表了一篇文章，他们在文中首先不同意当时已经有的DNA三链结构模型，然后描述了自己的DNA模型：两条多核苷酸链形成一个右手的、反向平行的双螺旋结构；碱基位于双螺旋内侧而磷酸与脱氧核糖骨架在外侧；以及碱基之间的距离，核苷酸之间的夹角，碱基按A-T、G-C互补配对。现在看上去好像很简单的一篇文章，当时它却像一只金手指，捅开了那层科学界糊了几十年的窗户纸，向人们描绘了DNA大体是什么样和怎么工作的，揭示了生命的一个巨大秘密。从那以后，一切似乎都变得简单了，各种生物学上的突破接踵而至。

当1953年他们发表那篇具有划时代意义的文章时，沃森25岁，克里克37岁。如此年轻的人，在我们现在的科研环境中，是不是都还在实验室里为导师"打杂"？

如果一个研究生连自己的研究课题都不知道、不能够自己选择，如何去梦想获得诺贝尔奖？沃森和克里克的故事足以让我们明白，不要低估年轻人的能力，要给他们发挥、挑战自己的机会。同时，年轻人也要拥有独立判断的能力和坚定不移的目标。

第三章
生命的乐章如何奏响
——基因表达

▼

　　大家知道吗？我们每天上学、走路、吃饭、睡觉的过程中，身体里都在无时无刻地发生各种变化。我们身边的昆虫、树木、花草，甚至细菌都在不停地通过各自的遗传物质来产生重要的物质——蛋白质。那么，什么是遗传物质？它们又是如何产生蛋白质的呢？这些蛋白质又是怎样影响人们每天的生活呢？关于蛋白质的研究，目前也有了长足的进展。人们认识到性状的形成离不开蛋白质的作用，于是推测基因通过指导蛋白质的合成来控制性状，并将这一过程称为基因表达。那就让我们进入基因表达的奇妙世界吧。

19 世纪末至 20 世纪上半叶，在孟德尔和摩尔根等科学家的影响下，遗传学成为生物学的一门独立分支，但当时人们仍然不知道遗传物质的微观本质是什么。科学家最开始对遗传学的研究主要关注在宏观层面，即生物的性状，比如豌豆的颜色、果蝇的翅膀等。那么从微观层面上看，生物性状是由成千上万种蛋白质组成的。蛋白质是组成生命细胞的重要成分。机体所有重要的组成部分都需要有蛋白质的参与。直到 20 世纪初期，人们仍普遍认为蛋白质是遗传物质。但是在 20 世纪上半叶，艾弗里的肺炎链球菌转化实验和赫尔希与蔡斯的噬菌体侵染细菌实验逐步确定了 DNA 才是真正的遗传物质。

虽然遗传物质最终确定了，但是 DNA 作为遗传物质是如何影响生物性状的呢？对于真核生物，DNA 藏在细胞核中，而蛋白质却在细胞核外的细胞质中。科学家的下一个核心任务就是探索 DNA 与蛋白质之间的联系。

小贴士 中心法则

遗传信息从 DNA 传递给 RNA，再从 RNA 传递给蛋白质，即完成遗传信息的转录和翻译的过程。也可以从 DNA 传递给 DNA，即完成 DNA 的复制过程。这是所有有细胞结构的生物所遵循的法则。

英国科学家弗朗西斯·哈里·康普顿·克里克发现 RNA 是连接 DNA 和蛋白质的中间载体。他在 1957 年做了一个演讲，介绍了关于基因功能的关键思想，特别是他所说的中心法则。这些想法到如今，仍然诠释了我们如何理解生命。

中心法则，又叫作分子生物学的中心教条，首先由克里克于 1957 年提出。我们身体里的遗传物质 DNA，可以自我复制，也可以通过"转录"这个过程变成 RNA，RNA 通过"翻译"这个过程变成蛋白质。那么蛋白质能变成 RNA 或 DNA 吗？答案是不能。更简单的表述就是"DNA → RNA → 蛋白质"。

当时人们只能确定该遗传信息是单向传递的，直到 1970 年特明和巴尔的摩发现 RNA 可以逆转录成 DNA，才使人们改观。因此克里克于 1970 年在《自然》杂志上提出了更为完整的图解形式。这里遗传信息的转移可以分为两类（图 3-1）：第一类用红色箭头表示，包括 DNA 的复制、RNA 的转录和蛋白质的翻译，即① DNA → DNA（复制）；② DNA → RNA（转录）；③ RNA → 蛋白质（翻译）。这 3 种遗传信息的转移方向普遍地存在于所有生物细胞中。第二类用蓝色箭头表示，是特殊情况下的遗传信息转移，包括 RNA 的复制、RNA 逆转录为 DNA 和从 DNA 直接翻译为蛋白质。即：① RNA → RNA（复制）；② RNA → DNA（逆转录）；③ DNA → 蛋白质。RNA 复制一般在 RNA 病毒中存在。

至此，人们终于知道生命的乐章是如何奏响的了！如果把 DNA 比作五线谱，那么 RNA 就是琴键弹奏的顺序，蛋白质就是美妙的旋律。大家可以想象一下，你拿到的五线谱是没办法奏出美妙的旋律的，要想奏出美妙的旋律，需要将五线谱的谱图转

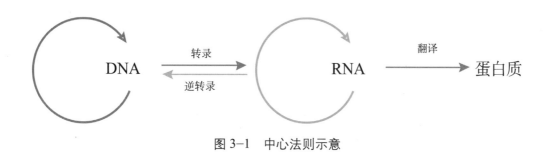

图 3-1　中心法则示意

化成琴键弹奏的顺序，这个过程就是"转录"，即 DNA → RNA；当按顺序依次按下琴键的时候，美妙的旋律就响起来了，这个过程就是"翻译"，即 RNA →蛋白质。当一首曲子弹完一个蛋白质就形成了。那么用相同的曲谱弹奏的都是同样的曲子，产生同样的蛋白质。用不同的曲谱就能演奏出不同的旋律，生成不同的蛋白质。当然如果把五线谱复印很多份，相当于 DNA 的"自我复制"来获得相同的曲谱信息；有时候，有些音乐家可以通过在钢琴上演奏歌曲再写成五线谱，这个过程就可以理解为"逆转录"。当然，实际发生的过程会比上述描述复杂得多。

▶ 二、盗梦空间——蛋白质的四级结构

大家都看过电影《盗梦空间》吧？没看的朋友们赶快恶补一下。在电影《盗梦空间》里，盗梦者穿越四层梦境的奇妙场景非常酷炫。蛋白质在形成具有活性状态前，也要穿越四层"梦境"，形成蛋白质的空间结构。那让我们一起来进入蛋白质的梦境，体验它的梦幻之旅吧！

谈到蛋白质的空间结构，就不得不提组成它的基本单位氨基酸。氨基酸与蛋白质的关系就像英文字母与英文单词的关系。英文单词由 26 个英文字母组成，人体的蛋白质主要由 20 种氨基酸组成，氨基酸通过肽键结合形成一长串大分子，这就是蛋白质的一级结构（图 3-2）。一级结构能够告诉我们这个蛋白质是由哪些氨基酸组成的，一共有多少个氨基酸。如果把一个蛋白质看成一个小区，那么一级结构能告诉我们这个小区里住着多少姓王的、姓李的、姓赵的，王某某左右邻居是谁，这个小区总共住了多少户人家。最小的蛋白质由几十个氨基酸构成，而大的蛋白质中氨基酸数目可以有成百上千个。

这些组成蛋白质的氨基酸很奇特，它们会根据自身特征形成旋转楼梯一样的小

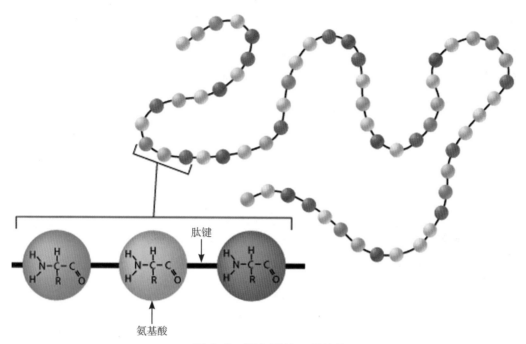

肽键

氨基酸

图 3-2　蛋白质的一级结构

区——α 螺旋（图 3-3 紫色）或是像蜿蜒的盘山公路一样的小区——β 片层（图 3-3 蓝色），这就是蛋白质的二级结构。当然之所以能形成这样的结构是有原因的，因为这些邻居都给自己小区约法三章，比如"α 螺旋"小区要求为了保持住宅的稳定，每个螺旋每转一圈只能容纳三户半人家，所有居民的"大 R"花园都得朝向外侧，不能朝向内侧，每隔四户人家还得建立紧密友好的联系，他们遵循名为"旋转的楼梯——远亲不如近邻"的管理制度保持小区居民友好相处。"β 片层"小区要求更加严格，这些小区要求相邻的两户人家的"大 R"花园得一个朝外、一个朝内，连续两个花园不能朝同一个方向，另外要求同一条道路的每一户居民都要与对侧道路上的每一户相邻的居民建立紧密友好的联系，他们遵循名为"山路十八弯——有朋自远方来"的管理制度，这是他们幸福的源泉。

　　这些奇特的小区在一个蛋白质中并不是很有规律地排列，这主要是看蛋白质中每一段由哪些氨基酸组成，不同的氨基酸形成了不同的小区，这些同属于一个区县的小区凑在一起就形成了蛋白质的三级结构。一个区县螺旋小区和蜿蜒小区的数量是完全不同的，这就会形成不同风格的区县，这个区县是巴洛克风格建筑还是哥特式建筑？是新古典主义建筑还是后现代主义建筑？是中国风还是印度风？但是不管什么风格，这些组成蛋白质的三级结构的区县都通过肽键手拉手在一起。

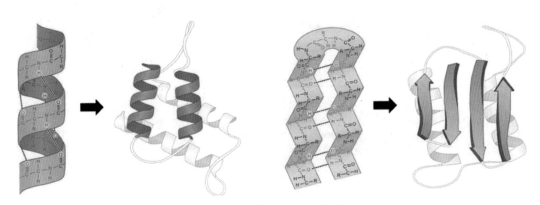

图 3-3　蛋白质的二级结构

最后为了建造一个美丽的城市或者乡村，建筑风格相同的区县（相同的亚基）或者建筑风格不同的区县（不同的亚基）以一种没有严格约定的方式结合在一起，构成了蛋白质的四级结构！想一想，人体每天要无时无刻地建这么多的城市和乡村，一定非常辛苦，需要耗费大量的氨基酸，所以大家一定要从食物中获取各种氨基酸来补充营养，这样才能保证身体正常运转。

▶ **三、僵尸片会发生在现实中吗——朊病毒**

传染病与人类历史可谓相随相伴，在人类历史长河中从未改变，如从很早以前的天花、疟疾、流感、霍乱、黑死病到如今的埃博拉病毒、冠状病毒、艾滋病病毒。然而，在这些细菌和病毒之外还有更颠覆目前人类认知的物质存在，理论上说都不能算是严格意义上的生物。它既没有 DNA，也没有 RNA，仅仅是结构异常的蛋白质。

在一些国家，当一头家畜（例如牛、羊）被宰杀后，还会有一些卖不掉的部分，人们会把其做成肉骨粉添加到饲料中。在前些年，一些奇怪的事情发生了。许多牛会发了疯一般，主要表现为离群独处、焦虑不安、恐惧、狂暴或沉郁、神志恍惚、不自主运动(如磨牙、肌肉抽搐、震颤和痉挛等)。行走时后躯摇晃、步幅短缩、转弯困难、易摔倒，甚至起立困难或不能站立而终日卧地。对触摸、光和声音过度敏感，被触摸时会异常紧张和颤抖。当有人靠近或追赶时病畜往往出现攻击行为，这就是俗称的疯牛病。不仅牛会这样，羊被感染后，也会疯了一般找固定的东西去蹭身体，就好像浑身瘙痒一样，因此被称作羊瘙痒症。同样的，鹿也可以被朊病毒骚扰。患病的鹿走路时"步履蹒跚"，活像一个行尸走肉的僵尸，因此被戏称为"僵尸鹿"。并且在鹿的身上，朊病毒更加肆无忌惮，入侵鹿身上的各个角落，包括鹿茸。人一旦吃到了这种被感染的动物，也会被感染，称为克 - 雅病，患者先是表现为焦躁不安，随后出痴呆的症状，最终精神错乱而在 1 年内死亡。

小贴士　朊病毒

朊病毒又称朊粒、蛋白质侵染因子、毒朊或感染性蛋白质，是一类能侵染动物并在宿主细胞内复制的小分子无免疫性疏水蛋白质。朊是蛋白质的旧称，朊病毒的意思就是蛋白质病毒，严格来说，朊病毒不是病毒，是一类不含核酸而仅由蛋白质构成的可自我复制并具感染性的因子。

这些病的罪魁祸首是一种被称为朊病毒的物质，也称朊粒。从严格意义上讲，朊病毒不能称为病毒，因为它本身不含有 DNA 或 RNA 遗传物质，而是由蛋白质组成，因此可以称为具有自我复制并具有感染性的因子。按照中心法则，自然界可以实现自我复制、传播的最简单的有机体是病毒，而病毒要实现复制、传播的功能，至少要有 DNA 或 RNA 来携带遗传信息才行。可朊病毒本身并不具备核酸的结构，却也能自我复制和传播，这大大颠覆了人们对生命的认识。

那么问题来了，朊病毒本身不带有遗传物质，它是如何实现自我复制的呢？其实朊病毒本来是动物体内的正常蛋白质，在正常情况下这类蛋白质正常地在神经系统中发挥着自己的重要作用。但是由于一些未知的原因，它们空间结构发生了变化，使蛋白质失去了原来正常的功能，更可怕的是，它们还能催化其他蛋白质发生结构变化，也转变成与其相同的朊病毒，像不像被僵尸咬了一口后变成另一个僵尸的感觉？这就是朊病毒自我复制的机制，只要少量朊病毒就能催化人或家畜的神经系统中的蛋白质发生结构变化，产生更多的朊病毒，从而渐渐破坏受感染者的整个神经系统。

虽然朊病毒听起来很可怕，但是科学家也在对其进行不断深入的研究。它自从被科学家发现以来，一直受到世界各国的密切关注，相关情况都得到了谨慎的处理，疫情一直控制在比较低的水平。进入 21 世纪，世界范围内仅有个别的发病报道，所以大家不需要特别担心罹患该病。我们食用的各类肉制品也是经过严格的检验检疫的，因此担心得"疯牛病"而不吃牛肉是完全没有必要的。

▶ 四、日出而作，日落而息——生物钟

你有没有想过，如果把你关在一个伸手不见五指的房间里，呆上三天三夜，你是否仍然会有规律地醒来和睡着呢？大家去国外旅行的时候，是不是有过在白天就产生

困意或者大半夜睡不着的情况发生呢？这就是我们身体奇妙的生物钟在作祟！生物钟又称节律周期，但此节律周期究竟是如何运作的呢？2017年诺贝尔生理学或医学奖的三位得主从小小的果蝇身上解开了秘密。他们发现了果蝇身体中控制节律周期的关键基因及其分子机制，而且在哺乳类动物包括人身上也有类似的发现。

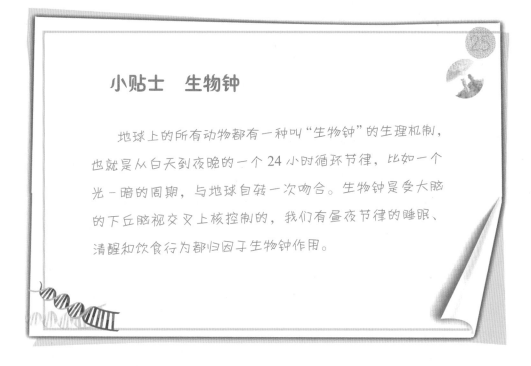

小贴士　生物钟

　　地球上的所有动物都有一种叫"生物钟"的生理机制，也就是从白天到夜晚的一个24小时循环节律，比如一个光－暗的周期，与地球自转一次吻合。生物钟是受大脑的下丘脑视交叉上核控制的，我们有昼夜节律的睡眠、清醒和饮食行为都归因于生物钟作用。

　　生物钟的生理机制离不开我们体内蛋白质的表达与调控，下面就给大家讲一讲 TIM 蛋白和 PER 蛋白的故事吧。生物钟的整个周期是这样的：随着白昼的到来，tim 与 per 两种基因不断表达，TIM 蛋白和 PER 蛋白随之不断增加；到了中午时，随着 TIM 蛋白和 PER 蛋白在细胞质中的累积，它们形成了二聚体；在下午时，这些二聚体进入细胞核，开始抑制 tim 与 per 基因的表达；到了傍晚，tim 与 per 基因的表达开始被抑制，细胞质内的 TIM 蛋白和 PER 蛋白的浓度开始渐渐降低；夜越来越深了，TIM 蛋白和 PER 蛋白的浓度持续降低，由于 TIM 蛋白和 PER 蛋白浓度低到没有办法形成更多的二聚体，就没有办法继续抑制 *tim* 与 *per* 这两种基因的表达；天亮了，于是我们又回到了这个周期的最开始部分（图3-4）。

　　上面就是一个简单的蛋白质表达与调控的例子，人体内时时刻刻发生着各种各样的基因表达与调控，而这些表达与调控影响着人们每一天的各种变化，是生物生长发育的基础。而上述基因和蛋白质的表达与调控影响着人和动物的生物时钟的变化，形成了人和动物的 24 小时生物节律。从真菌到昆虫，再到哺乳动物，生物钟的运作机制本质上都是相似的。

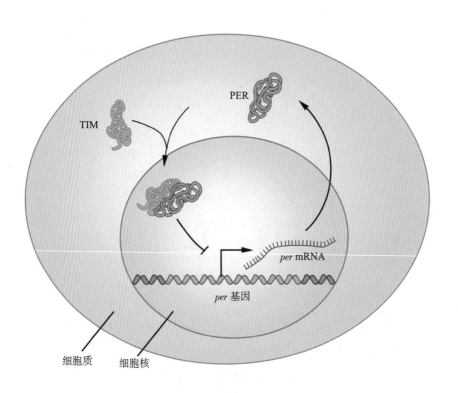

图 3-4　生物钟的基因表达与调控

▶ 五、用光点亮生物学——荧光蛋白

说到生物世界里的光，我们首先会想到小时候自然课里讲的萤火虫，但除萤火虫之外，还有很多生物也能发光。比如水母、磷沙蚕，甚至微生物。我们今天所提的"用光点亮生物学"的主角的名字是"荧光蛋白"。其中生物学实验最常用的绿色荧光蛋白，是一个由约238个氨基酸组成的蛋白质，从蓝光到紫外线都能使其激发出绿色萤光。在细胞生物学与分子生物学中，绿色萤光蛋白基因常用作报告基因。它的出现彻底改变了科研人员的实验策略，基于它的光学成像技术使人们可以直接观察到从微观到宏观各个层次上丰富多彩的生命现象（图3-5）。下面给大家讲讲发现这些荧光蛋白的故事吧。

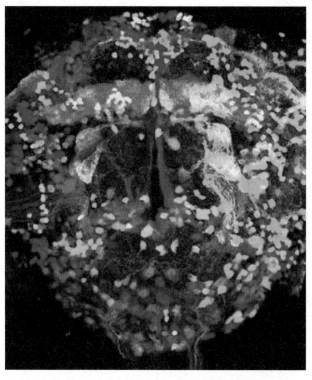

图3-5　各种荧光蛋白发光形成的影像

1928 年下村修出生于日本。连年的战乱和 1945 年美军在长崎投掷的原子弹给下村修留下了难以磨灭的精神震撼。下村修目睹了投掷原子弹的美军飞机，亲身经历了原子弹爆炸带来的强光和随后的爆炸。战后，下村修被长崎医学院的药学院录取，尽管他不打算当药剂师，但在当时的情况下，他别无选择。那时正是战后日本经济最困难的时期，物资非常匮乏，但为了祝贺家里的长孙考上大学，他的祖母为下村修做了一套丝绸衣服。当时没有布料可以买，但她有桑园。于是她养了蚕，用茧丝为他做了件新衣服。大学毕业后，下村修先是在长崎大学分析化学实验室当助理，后来长崎大学教授带他去见名古屋大学一位著名分子生物学家寻求进修的机会，但是当时下村修阴差阳错地加入了另一位平田教授的研究组。他后来回忆说："我认为平田教授的话可能是天堂给出的方向，所以我决定去他的实验室。似乎这个决定了我的未来，将我引向了生物发光即水母发光蛋白和绿色荧光蛋白的研究。"

在名古屋大学，下村修的任务是纯化海萤虫中的荧光素。平田教授告诉下村修，他不能将这个项目提供给攻读学位的学生，因为结果是如此不确定。下村修清楚地了解了工作的难度，因为他在那儿的目的是学习而不是攻读学位，所以他回答说："我想尽力而为。" 下村修花了 10 个月的艰苦努力才提取、纯化和结晶荧光素。当他终于成功时，他高兴得三天三夜无法入睡。下村修回忆说："自战争结束以来的生活一直很黑暗，但这给了我未来的希望。我获得的最大回报可能是自信。我了解到，任何困难的问题都可以通过巨大的努力来解决。"因为这一成果，下村修获得了去美国普林斯顿大学工作的机会，赴美之前，他被平田教授授予博士学位，虽然他从来不曾是在读的博士生。在美国普林斯顿大学，下村修开始研究水母的生物荧光。1961 年夏天，下村修及研究人员驱车花了整整 7 天时间才到达星期五港湾去采集发光水母。下村修后来回忆，1961—1988 年，他们往返星期五港湾和东海岸线 19 次，采集了约 85 万只水母（图 3-6）。历经数年努力，他们终于在 1992 年将绿色荧光蛋白的基因克隆出来（如今这种克隆工作可迅速完成）。但他们的科研资金也恰好用完了，无奈之下只好把基因送给了其他几个实验室，其中获赠者之一就是钱永健。

　　钱永健的父亲钱学榘与钱学森是堂兄弟，对于家族的长辈钱学森，钱永健非常推崇。1952年，钱永健出生在纽约。或许是家学渊源，他从小就对科学感兴趣。读小学时，父母给他买了化学实验试剂盒，但他觉得这不是很有趣，因为这个实验看起来很简单。后来，钱永健在学校图书馆里发现了一本书，其中有更好的实验和插图，书中还讲了怎么通过化学反应变化出各种有趣的颜色。读高中的时候，他就开始在房屋的地下室进行许多经典的无机化学实验，烟火引起了他的极大兴趣。因为没有通风橱，他在后院露台上的野餐桌上进行过十分危险的实验。回顾过去，钱永健感慨道：这对于一个8～15岁没人监督的男孩来说是多么危险，但是这对如何准备实验设备、制订实验计划和操作实验流程，再分析和解释实验结果来说，的确是一个很好的训练机会。几十年后，他用生物工程的方法改造出了色彩绚丽的荧光蛋白。

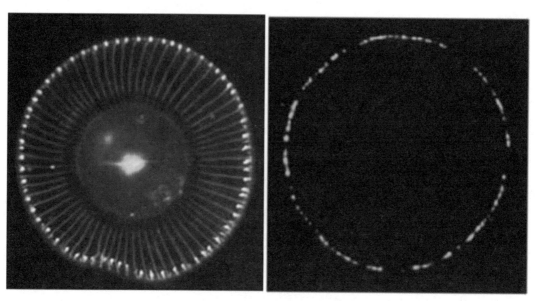

图 3-6　下村修研究的发光水母

1992年的一天，钱永健看到了科学家用生物技术克隆绿色荧光蛋白的文章。钱永健利用基因工程手段突变了蛋白上的一系列不同位置的氨基酸，大大改善了绿色荧光蛋白的荧光强度和荧光稳定性，使其应用成为可能。之后，钱永健实验室逐步搞清了绿色荧光蛋白发光核心的结构和发光机制。进而通过基因工程的技术手段，建立了一系列可发出不同颜色的荧光蛋白，大大扩展了荧光蛋白在科研中的应用。

第四章
滴血认亲是真的吗
——基因检测

▼

提到亲子鉴定，大家一定会想到经常出现在古装剧里的滴血认亲，将子女的一滴血滴在父母的遗骸骨上，看血液能否渗透到骨头里（滴骨法），或父／母与子女两个人各滴一滴血在盛有水的碗里，看两滴血能否融合（合血法，图4-1）。这样的方法现在看来是没有任何科学道理可言的，我们现在主要是通过基因检测的方法进行亲子鉴定，从此"真假美猴王"不再难辨。

图4-1　合血法

一、让真假美猴王不再难辨——基因检测

最古老的基因检测可以追溯到 20 世纪初的"血型检测"。自 1901 年人们发现血型之后，血型检测就在医学和最初的犯罪现场调查中应用开来。

1983 年，一项划时代的发明出现了，那就是聚合酶链反应（PCR，图 4-2）。这种技术用于特定 DNA 片段扩增，很方便地解决了样品量不足的问题。PCR 的出现，使得初始样品量非常少时，也能经过扩增达到各种检测所需的量。现在的技术能够做到只需要一个细胞，就能够扩增并测定其基因组。

PCR 技术的诞生使得 DNA 研究进入了快速发展时期。但是 20 世纪的最后几年，基因检测主要应用在犯罪学上，用于鉴定或排除嫌疑犯。以疾病诊断、患病风险评估为目的的基因检测直到 2000 年甚至更晚才开始慢慢走入大众的视野。

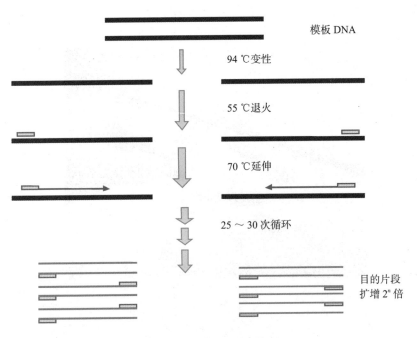

图 4-2　PCR 技术原理

基因检测是通过血液、其他体液或细胞对 DNA 进行检测的技术，是取被检者外周静脉血或其他组织细胞，扩增其基因信息后，经特定设备对被检者细胞中的 DNA 分子信息进行检测，分析它所含有的基因类型和基因缺陷及其表达功能是否正常的一种方法，常用来进行评估遗传疾病风险、鉴定亲子或亲缘关系等，其原理见图 4-3。

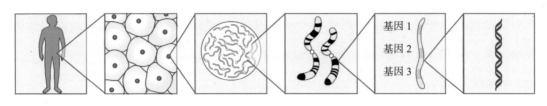

| 器官
（人体） | 人体是由成千上万个细胞组成的 | 每个细胞核都含有 23 对染色体 | 每对染色体分别来自父亲和母亲 | 每条染色体都含有一条双链 DNA 分子，而基因是具有功能的 DNA 片断 | 双链 DNA 分子呈双螺旋结构 |

图 4-3　身体每个细胞都包含了人体全部的基因组

小贴士　基因

基因是 DNA 分子上的一个功能片段，是遗传信息的基本单位，是决定一切生物物种最基本的因子；基因决定人的生老病死，是健康、靓丽、长寿之因，是生命的操纵者和调控者。因此，哪里有生命，哪里就有基因。一切生命的存在与衰亡的形式都是由基因决定的，包括长相、身高、体重、肤色、性格等，均与基因密不可分。

▶ 二、一滴血让你原形毕露——基因检测方法

随着基因检测技术的进步，一滴血、一根头发足以让嫌疑犯原形毕露，这是因为基因检测的内容近年也扩展到了染色体水平、基因水平和生化水平的检测等。因此，所有以发现染色体、基因、蛋白质水平变化为目标的检测都可以称为基因检测。基因检测方法一般有 3 种：生化检测、染色体分析和 DNA 序列分析。

1. 生化检测

生化检测是通过化学手段，检测血液、尿液、羊水或羊膜细胞样本，检查相关蛋白质或物质是否存在，确定是否存在基因缺陷。基因缺陷导致某种维持身体正常功能的蛋白质不均衡，故通常检测蛋白质含量。例如诊断苯丙酮尿症时，可将三氯化铁滴入尿液，如立即出现绿色反应，则为阳性，表明尿中苯丙氨酸浓度增高。

小贴士　苯丙酮尿症

苯丙酮尿症是一种常见的氨基酸代谢病，是由于苯丙氨酸代谢途径中的酶缺陷，苯丙氨酸不能转变成酪氨酸，导致苯丙氨酸及酮酸蓄积，并从尿中大量排出。苯丙酮尿症主要临床特征为智力低下、精神神经症状、湿疹、皮肤抓痕征、色素脱失和鼠气味等，以及脑电图异常。

2. 染色体分析

染色体分析直接检测染色体数目及结构的异常（图 4-4），而不是检查某条染色

体上某个基因的突变或异常，通常用来诊断胎儿的异常。检测用的细胞来自血液样本，若是胎儿，则通过羊膜穿刺术或绒毛取样来获得细胞。

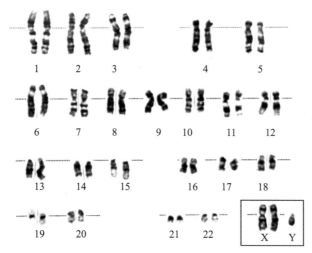

图 4-4　正常男性的染色体核型

（44 条常染色体加 2 条性染色体 X 和 Y，检查报告中常用 46，XY 来表示）

小贴士　染色体分析

外周血在细胞生长刺激因子——植物凝集素作用下经 37 ℃、72 小时培养，获得大量分裂细胞，然后加入秋水仙碱使进行分裂的细胞停止于分裂中期，以便观察染色体；再经低渗膨胀细胞，减少染色体间的相互缠绕和重叠；最后用甲醇和乙酸将细胞固定于载玻片上，在显微镜下观察染色体的结构和数量。

3.DNA 序列分析

DNA 序列分析是进行基因精细结构和功能分析、基因图谱绘制、转基因检测的重要手段，见图 4-5。DNA 序列分析的细胞来自血液或胎儿细胞，主要用于识别单个基因异常引发的遗传病，如正常人 *HTT* 基因序列与亨廷顿病患者 *HTT* 基因序列分别见图 4-6 和图 4-7。DNA 序列测定主要是在 DNA 内切酶、合成酶的应用及高分辨率聚丙烯酰胺变性凝胶电泳技术等基础上建立起来的。

图 4-5　DNA 序列

（DNA 是由 A、T、C、G 4 种核苷酸编码而成的序列）

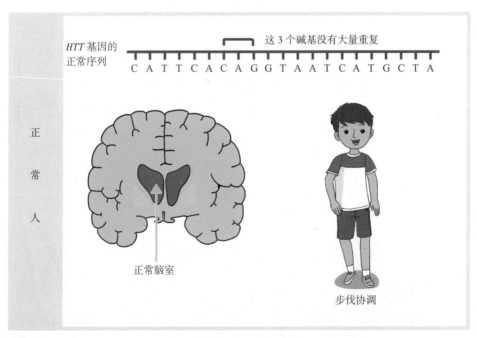

图 4-6　正常人 *HTT* 基因序列

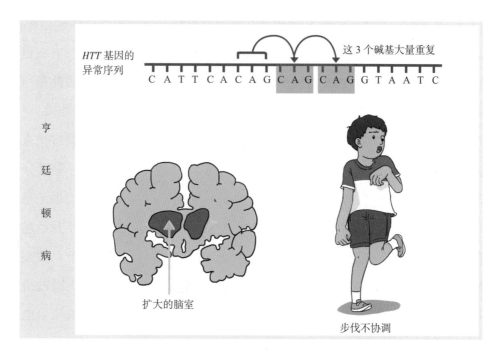

图 4-7　亨廷顿病患者 *HTT* 基因序列
（又称大舞蹈病，一般患者在中年发病，表现为舞蹈样动作，随着病情进展逐渐丧失说话、行动、思考和吞咽能力，病情会持续发展 10 ～ 20 年，最终患者死亡）

▶ 三、白银连环杀人案是如何被侦破的——基因检测应用

　　2016 年 8 月 26 日，沉寂 28 年悬而未决、震惊全国的甘肃省白银市系列强奸杀人案被侦破。此案中警方运用了 Y 染色体上短串联重复序列（Y-STR）数据库技术，使得该案的凶手排查范围逐渐缩小，最终成功抓获犯罪嫌疑人。这是我国司法界运用 Y-STR 数据库技术智擒犯罪嫌疑人的第一案。

　　短串联重复序列（STR）是核心序列为 2 ～ 6 个碱基的短串联重复结构。20 世纪 90 年代初，STR 基因座首次作为一种重要的遗传标记在人类亲权鉴定中被使用。大家都知道，正常男性有一条 Y 染色体，正常女性则没有。Y 染色体也存在 STR 基因座，并具有多态性。在理论上，只要是同一个家系的男性，该家系所有成员的 Y-STR 分型均一致。因此，Y-STR 检验技术常常作为常染色体 STR 分析的补充，用于性侵案件的检验及亲子鉴定等方面。

案犯高某于 1988 年 5 月—2002 年 2 月，在甘肃省白银市、内蒙古包头市两地实施强奸杀人作案 11 起，杀害 11 人。受害人中年龄最小的仅 8 岁，犯罪分子作案手段极其残忍，一度在当地造成恐慌。该案侦破跨度 28 年，被称为"世纪悬案"。高某被锁定得益于他的远房堂叔因行贿被抓并取了血样，输入 2015 年开始建设的甘肃省 Y-STR 数据库，发现其与白银案案犯有相同的 Y 染色体遗传特征，故案犯应该是高氏家族一名男性。随后警方对高氏家族所有男性成员进行排查，经过指纹比对和 DNA 分析，确定了高某。可以说，如果没有 Y-STR 数据库技术，高某可能就真成漏网之鱼了，好在法网恢恢，疏而不漏。

▶ 四、孩子是我的吗——亲子鉴定

随着社会的发展，传统的家庭观念也在发生改变，自由化思潮和人们对性别关系的开放，部分伦理道德低下的人经不住诱惑，导致许多夫妻结婚后担心孩子不是自已的，大部分是丈夫怀疑孩子不是自己亲生的，遂提出进行亲子鉴定。

1.亲子鉴定的概念及原理

运用生物学、遗传学及有关学科的理论和技术，根据遗传性状在子代和亲代之间的遗传规律，判断父母与子女是否为亲生关系的技术称为亲子鉴定。

判定亲生关系的理论依据是孟德尔的遗传分离定律，见图 4-8。按照这一定律，在配子细胞形成时，成对的等位基因彼此分离，分别进入各自的配子细胞。精、卵细胞受精形成子代，孩子的两个基因组一个来自母亲，一个来自父亲；因此成对的等位基因也是一个来自母亲，一个来自父亲。鉴定结果如果符合该定律，则不排除亲生关系；若不符合，则排除亲生关系（变异情况除外）。

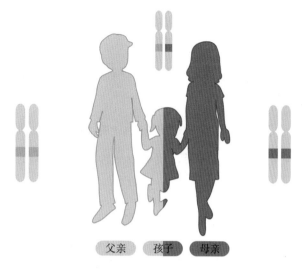

图 4-8　亲子鉴定原理

当然我们不是要检测整个基因组序列，而是检测前文提到短串联重复序列（STR）。

STR 由于核心序列的重复次数不同而具有高度多态性，是个体的特征，遵循孟德尔共显性遗传规律传递，绝大多数不受选择压力的影响，且较均匀地分布在人类全基因组。不同个体中，STR 核心序列的重复次数不同。根据子代的两条 DNA 一条来自父亲，一条来自母亲，子代某一特定 DNA 分子上 STR 核心序列重复次数必定与父母相同。以上述原则为依据，美国联邦调查局 (FBI) 推荐用于建设国家 DNA 数据库的 13 个 STR 基因座，作为 PCR-STR 的常用检测基因座，也成为目前法医 STR 分型的基础位点，即 D3S1358、THO1、D21S11、D18S51、D5S818、D13S317、D7S820、D16S539、CSF1PO、VWA、D8S1179、TPOX、FGA。

2. 鉴定流程

（1）取材

亲子鉴定取材的部位，一般是血液、头发、牙齿或者是口腔黏膜的一些细胞，这些细胞都是可以进行亲子鉴定的。

（2）DNA 提取

把样本细胞核中所含有 DNA 提取出来，然后进行一定的纯化，消除样本中的杂质。

（3）PCR 扩增

设计 STR 基因座引物，把我们所需要的片段通过酶促反应，在 PCR 仪上进行大量复制，放大到通过某些专用仪器可以看到的程度。

（4）测序

通过标记片段长度和电泳，电泳分离片段后，通过放射自显影技术检测单链 DNA 片段的放射性带，就可以直接读出 DNA 的核苷酸序列。使用基因测序仪进行分析，并通过软件读取结果。

（5）分析数据，出具报告

主要是检测人员将所得结果进行分析汇总、计算，然后出具鉴定结论和报告。

3. 鉴定结果判定

如果孩子的遗传位点和被测男子的位点超过 3 个不一致，那么该男子便 100% 被排除血缘关系之外，即他绝对不可能是孩子的父亲。如果孩子与其父母亲的位点都吻合，我们就能得出亲生关系大于 99.99% 的可能性，即证明他们之间的血缘亲生关系。若有 1～2 个位点不同，要考虑是否发生了基因突变，这时要对多个 STR 位点进行鉴定。

第五章
DNA 是 "老实人" 吗
——基因突变

▼

　　我们在探讨基因突变与疾病之前再来回顾一下基因传递链条。对于大部分细胞生物来说，DNA 通过转录产生了 RNA，RNA 再经过翻译过程产生了蛋白质，大多数情况行使众多生物学功能都是通过蛋白质这一重要的执行者来实施的。在基因传递链条中，为了保证遗传信息在传递给蛋白质的时候不出错，遗传物质通过密码子的方式将"核苷酸序列"的信息完好无损地转变成"氨基酸序列"的信息。

　　那试想一下，如果我们产生蛋白质的某个编码基因的 DNA 序列甚至染色体由于某些原因发生了变化，是否会导致最终翻译产生的蛋白质序列出错呢？如果蛋白质出错了，会不会对蛋白质的结构或者功能产生影响？可是明明书中曾经介绍过 DNA 是稳定的遗传物质，在进化过程中选择 DNA 作为遗传物质，就是看中了它的"稳定与忠诚"，那作为"老实人"的 DNA 会不会有一天不遵守约定，说变就变呢？什么情况下它会"乱码"？带着这些问题，我们来看看 DNA（基因）不安分的一面——基因突变。

▶ 一、好好的基因怎么就变了——不安分的基因

什么是基因突变？我们用专业术语加上字面理解来看看：基因突变是指 DNA 分子发生的突然的、可遗传的变异现象。从分子水平上看，基因突变是指基因在结构上发生碱基对组成或排列顺序的改变。基因突变最早是由摩尔根于 1910 年在果蝇中发现的。

1. 基因突变的分类

广义的基因突变包括了点突变、插入 / 缺失突变和染色体畸变。点突变主要指 1 个核苷酸或者碱基对发生的变化，变化的位置发生在基因的某一点。插入 / 缺失突变是指核苷酸数目的变化，比如在不该插入的位置插入了几个到几千个核苷酸。染色体畸变通常指的是染色体结构或数目的变化。基因突变是一种常见的现象，根据突变发生的细胞类型区分，包括体细胞突变和生殖细胞突变。如果基因突变发生在生殖细胞，就会遗传给下一代。

2. 基因突变的特点

基因突变具有随机性和多向性，基因突变的结果可能是好的也可能是坏的，所以科学界普遍认同基因突变也是生物进化的动力之一。基因突变的存在，让一成不变的基因有了变化的可能，也丰富了性状的多样性，从而能够通过自然选择筛选出突变产生的优良性状并可能遗传到子代。但基因突变也存在有害性，体细胞突变可能带来某些疾病，甚至肿瘤。基因突变还具有重复性，已经突变的位点可能再次突变，也可能具有可逆性，曾经突变的基因再次突变为原来的基因。

3. 基因突变的原因

基因突变的原因主要是自发突变和诱发突变。

（1）自发突变

常见的自发突变可能发生在 DNA 复制过程中。在有丝分裂和减数分裂中都存在

DNA 的复制过程，从而使遗传信息能够从原有的细胞传递给新产生的细胞中。DNA 复制的过程中，有一套完善的机制以原有的 DNA 模板为基础完全拷贝出一套新的 DNA 序列。我们可以将 DNA 的复制过程想象成工厂生产带有编码的"双层珍珠项链"的过程，在原版存在的情况下，DNA 解链酶先解开"双层珍珠项链"两条链间的氢键，DNA 复制生产线上的核心骨干——DNA 聚合酶，照着原版的编码顺序和细胞核工厂中已有的"珍珠"原材料（核苷酸 A、G、C、T）来完成 DNA"串珠"的拼装过程，而且在拼装的过程中还有监察校准机制，装错的"珍珠"将被要求部分返工（DNA 修复），拼装正确的"珍珠"才能继续工作。新生产出的双层珍珠项链，其中一条是原来旧的那根项链（母链），而另外一条是新生产出的新链（子链）。DNA 复制的过程是近乎完美的"照葫芦画瓢"过程，通过复制产生了和原来序列一模一样的 2 条 DNA。如此精美的复制，依然难免一时疏忽，从而让 DNA 复制过程中掺入了错误的核苷酸或者增加／减少了核苷酸，从而产生基因突变。另外，胞嘧啶自发脱氨基、活性氧氧化、碱基的烷基化也可能造成自发点突变。

点突变可能会产生 3 种结果。

同义突变：核苷酸改变但是密码子对应的氨基酸还是同样的，从而不影响最终蛋白序列。

错义突变：核苷酸改变导致密码子对应的氨基酸改变了，最终蛋白序列有了变化。

无义突变：核苷酸改变产生了终止密码子，蛋白质翻译停止，通常产生无活性的肽段。

自发突变中，除了自发点突变外还有一种类型，叫作自发移码突变。通常认为移码突变的原因是 DNA 复制过程出现了打滑的情况，导致漏掉了一些核苷酸。或由于转座子的转座作用，可能让一段 DNA 片段从原来的位置"飞"到新的位置，从而让基因序列发生变化。

（2）诱发突变

顾名思义，由外界因素诱导而产生的基因突变叫作诱发突变。这些因素通常包括物理因素、化学因素、生物因素等。紫外线、电离辐射等物理因素可以造成DNA损伤。

紫外线照射可能会让DNA链上相邻的嘧啶碱形成共价键，产生嘧啶二聚体。电离辐射的能量可能达到细胞，从而导致DNA损伤或者辐射间接改变细胞状态，如产生自由基，引起DNA损伤。我们经常听说X射线、γ射线、核辐射等对身体有害，其中重要的原因就是这些物理因素可能让我们的基因突变，如1938年，美国的卡尔·萨克斯（Karl Sax）教授通过X射线照射细胞，观察到细胞中的染色体损伤、易位的现象。

化学诱变剂种类很多，烷化剂、碱基类似物、羟胺类、亚硝酸盐等都可能引起DNA分子的改变。人们常说少吃火腿肠和腌制类食物，是因为这些食物的配方中基本都有亚硝酸盐，这种物质有潜在的引起基因突变的作用。当然化学诱变剂也要依据情况，考虑剂量和突变的关系。发霉的农作物、坚果等可能产生黄曲霉，黄曲霉毒素也是臭名昭著的诱变剂（图5-1），尽管"粒粒皆辛苦"，但有时候也不能为了节省粮食而忽略了"剧毒物质"的存在。在日常的装修中，我们可能会看到很多人十分在意装修材料、家具是否环保，其中一个重要的环保指标就是甲醛含量，那是因为甲醛

图5-1 黄曲霉毒素常存在于发霉的农作物中

是一种诱变剂，可以导致基因突变。对于化学诱变剂，人类仍然在不断发现和探索中。

除了物理因素和化学因素外，生物因素引起的基因突变主要是由病毒引起。DNA病毒和RNA病毒作为外来入侵者，可以进入细胞，病毒的基因组可能整合到宿主的基因组，"外来入侵者"核酸序列的入侵，可能改变原有的基因序列，从而引起基因突变。

▶ **二、遗传病与基因突变有关吗——坏基因**

在生活中我们会听到"遗传病"这个词，遗传病是由于遗传物质向下一代或者下几代传递过程中显现出来或者保留下的疾病。很多遗传病基因都是人群中的基因突变而产生的，遗传病是继承了祖辈的"坏基因"。

前文曾经介绍过人有46条染色体，即22对常染色体和1对性染色体（男性：XY染色体；女性：XX染色体）（图5-2）。成对的染色体称为同源染色体，一对

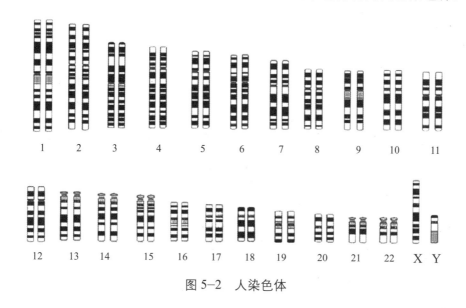

图5-2　人染色体

染色体中的一条来自母亲，另一条来自父亲。在同源染色体上，相同位置控制同一性状的基因称为等位基因。如果等位基因相同，就称为纯合子；如果等位基因不同，就称为杂合子。

试想某一种致病的基因突变发生在同源染色体中的一条染色体上，而另一条染色体上的等位基因没有发生突变，最终看到的表现型／性状是什么样的呢？事实上，只有一个等位基因突变，并不意味着就一定表现为患病。单基因突变遗传病分为显性遗传和隐性遗传。为了方便显示，生物学中通常用大写字母表示显性基因，小写字母表示隐性基因。对于某一等位基因 A，纯合子显性表示为 AA，杂合子表示为 Aa，纯合子隐性表示为 aa。显性遗传就是只要有 1 条染色体上的等位基因出了差错，带有致病基因的人就会表现为患病，即纯合子 AA 和杂合子 Aa 都患病。而隐性遗传是同源染色体上等位基因都发生了突变，才显示为疾病，只有 1 个等位基因出问题，表现型看起来依然是正常的，即只有纯合子 aa 才患病。同时，最终的表现型与基因突变发生在常染色体还是性染色体上有关。于是，单基因遗传病也有了相对明确的分类，分为 5 类：①常染色体隐性遗传病；②常染色体显性遗传病；③X 染色体连锁显性遗传病；④X 染色体连锁隐性遗传病；⑤Y 染色体连锁遗传病。

下面我们一起来看一些"常见"的罕见遗传病。

1. 白色精灵——白化病

白化病属于常染色体隐性遗传病。白化病最大表现型是肤色、毛发色素部分或者完全脱失，肉眼可以看到患者比普通人白很多，这就是被称为白化病的原因。也许你很羡慕他们肤色白白的，但通常白化病患者还会伴随怕光、眼部疾病等问题。如我们前面讲述的，只有纯合子才会出现白化表现型，因此白化病属于较罕见的遗传病，患病概率接近两万分之一。目前的研究发现白化病也由不同的单基因突变引起，具体的表现还略有区别。在生物实验室和药物研究中经常用到的实验用鼠——小白鼠，实际上也是患白化病的小鼠。自然界也存在一些其他白化动物，如白化熊猫、白虎、白化熊等。

2.《白雪公主》里的小矮人——软骨发育不全

还记得在童话故事《白雪公主》里面善良快乐的7个小矮人吗？现实世界里也有这样一群人，他们由于患上了软骨发育不全而表现为四肢短小，即使已经成年,但身高看起来就像几岁的孩子，所以被叫作"侏儒"。软骨发育不全是一种常染色体显性遗传病，有很大一部分病例可能还没有出生就会胎死腹中或在新生儿期死亡。但如果没有夭折，该病症的患者在成年后往往除身材矮小以外，智力正常，完全可以胜任很多工作。目前的研究发现，中国软骨发育不全患者的基因突变与 *FGFR3* 基因点突变密切相关。

3. 不按常理出牌的手指——多指、并指

"伸手不见五指""十指连心"，我们都知道一只手有5个手指。但是否听说过有人一只手有6个手指或者4个手指？实际上，手指/脚趾也是在发育过程中逐渐形成的，常见的多指、并指（图5-3）就属于常染色体显性遗传病，当发育过程出现问题，如 *HOXD13* 基因发生突变，就可能引起多指、并指或者手指/脚趾发育不全/畸形的情况。

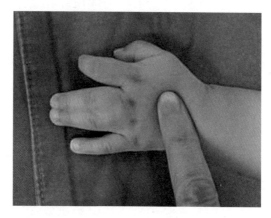

图5-3 并指

4. "死亡之舞"——亨廷顿病

亨廷顿病是一种常染色体显性遗传病，而且目前的医学和科学手段无法治愈，患者是在被迫完成通向生命终点的"舞步"。该病通常在20岁以后发病，临床表现很复杂，通常最开始表现为情绪波动,随后出现舞蹈性动作,癫痫发作，体力和智力不断减退，进行性痴呆，在疾病症状出现后4～20年死亡。亨廷顿病源于患者4号染色体亨廷顿基因（*Htt*）的突变而引起多核苷酸重复序列的错误表达，产生了突变的亨廷顿蛋白质，最终引发了神经系统退行性病变。

5. 在我的世界，色彩与你不同——红绿色盲

红绿色盲是一种较常见的 X 染色体隐性遗传病，男性只有 1 条 X 染色体，女性有 2 条 X 染色体，所以男性携带红绿色盲基因就会表现为红绿色盲，红绿色盲男性的患病率高于女性。

红绿色盲现象（图 5-4）尽管存在了很久，但是系统地发现和提出"色盲"这一说法的却不是生物学家，而是一个 18 世纪的著名化学家兼物理学家——提出了近代原子

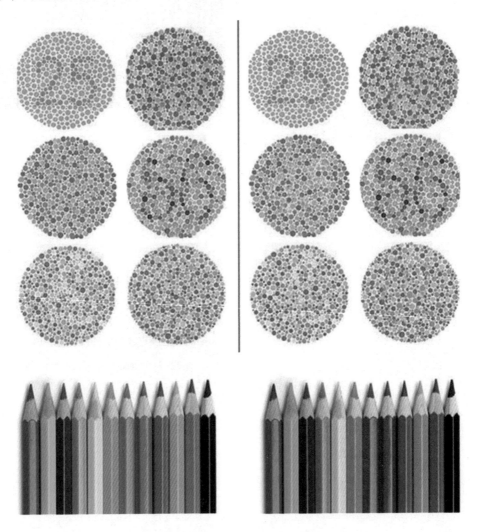

图 5-4　正常人看到的色彩（左）和红绿色盲者看到的色彩（右）

理论的道尔顿。有一次过圣诞节，道尔顿送给妈妈一双灰棕色袜子作为圣诞节礼物，而他的妈妈看到袜子以后问："你买的这双樱桃红色的袜子这么鲜艳，我该怎么穿？"道尔顿想："明明是灰棕色袜子，为什么妈妈却说是鲜艳的樱桃红色？"有着缜密科学头脑的道尔顿感到十分奇怪，妈妈看起来也不像是开玩笑，于是他问了弟弟，弟弟也说是灰棕色，但其他人却都说是樱桃红色。道尔顿通过调查和比较，发现他和弟弟都是"色盲"，并因此撰写了关于色盲的论文《论色盲》，这是世界上第一篇关于色盲现象的论文，也是色盲被叫作道尔顿症的原因，以此来纪念第一个发现色盲现象的道尔顿。

6. "贵族病"——血友病

血友病是一种 X 染色体隐性遗传病。日常生活中，假设遇到被划伤流血的情况，在不太严重的情况下，伤口处的血通常很快就会凝固。血液凝固的过程，实际上伴随着一连串的体内反应，其中重要的参与者就是凝血因子。而血友病患者体内凝血因子基因缺乏，导致凝血因子缺乏而很容易出血，且一旦出血就很难凝血。对别人来说也许一个小伤口，而对他们却会造成巨大的伤害。

为什么血友病曾一度被称为"皇室病""贵族病"？令人哭笑不得的是甚至有人曾经以有这种遗传病而感到光荣，这代表了他们的贵族身份。在中世纪后的欧洲，王室之间联姻现象很普遍，王室之间的联姻可以带来更大的财富并意味着权利的稳固，当时只考虑"门当户对"，而忽略了亲缘关系或者伦理关系潜藏的问题。维多利亚女王是英国著名的女王之一，在她统治时期，英国的国力达到了顶峰，成为了"日不落帝国"。这位女王的基因里带有血友病基因，她结婚的对象是她的表弟阿尔伯特亲王，近亲结婚导致她的血友病基因（隐性）显现了出来，她的 1 个儿子、3 个孙子、4 个曾孙都是血友病患者。她的后代也和表亲结婚，最终血友病成了当时皇室的"流行病"。

血友病患者经常伴随着关节出血或者肌肉血肿，不经意的日常活动或者运动就可能导致轻微出血。目前，血友病有了一些系统的治疗手段，其中也包括给患者注射凝血因子。尽管如此，血友病患者依然要比普通人更小心地生活和活动。因为要加倍小心，他们也是需要我们关爱的"玻璃人"。

7. 染色体畸变——唐氏综合征

唐氏综合征，又称为 21 三体综合征，是一种具有代表性的染色体畸变。染色体畸变属于广义的基因突变，算是基因突变里很大动静的变化了，因为它包括了染色体数目和结构的改变。唐氏综合征亦称为先天愚型，是 21 号染色体有 3 条而导致的疾病（正常人有 2 条 21 号染色体）。60% 的患儿在孕期即流产，而"幸运"的存活者也伴随有明显的智力问题、特殊面容、生长发育障碍和多发畸形等。由于唐氏综合征在人群中的发病率较高，所以在产前诊断时通常都会有该项检查，如羊水穿刺、无创产前基因检测等。

那么，如何降低遗传病的发病率呢？

《物种起源》的作者兼生物进化论创始人达尔文也深受遗传病所累。达尔文和他舅父的女儿结婚，并育有 10 个子女，其中 3 个早逝，3 个患病，活下来的子女都属于低能。还记得前文介绍的著名遗传学家摩尔根吗？他与表妹玛丽结婚后，生育的 2 个女儿都患有痴呆，而他们的儿子也患有痴呆。摩尔根没有再生育，并且提出"没有血缘关系的民族之间的婚姻才能制造出体质和智力上都更为强健的人"。

当知道了遗传病与基因突变有关之后，我们不难理解，基因突变具有随机性和多向性，但是有血缘关系的人在继承祖辈一部分基因的时候，突变的基因也同时被保留了下来。当有近亲缘关系的两个人结婚后，很可能让突变的基因变成纯合子，大大增加了患遗传病的概率。所以，《中华人民共和国婚姻法》明确规定，直系血亲和三代以内的旁系血亲禁止结婚。这也从法律上降低了遗传病在人群中的发病率，这对于家庭和社会都是有利的。同时，也鼓励在合适的年龄生育，以降低基因突变风险。此外，结婚之前或者准备生育之前，做充分的医学和基因学检查，也有助于避免一些遗传病。

小贴士 我们该怎样正确对待遗传病患者？

遗传病患者并不是奇怪的人，只是将继承的基因表现了出来。我们能否用更加理性和科学的眼光看待身边患有遗传病的朋友呢？他们与我们不同，只是他们的基因不小心"中奖"了，而且他们和我们在基因上也许只有一点点不同而已。当我们知道这一切原因后，面对遗传病的患病人群，我们不必再感到奇怪，也不需要戴着有色眼镜，毕竟每一个生命都值得被尊重。

▶ **三、细胞在生长中会失控吗——癌基因**

前文介绍基因突变有许多种原因，细胞里的 DNA 随时都有发生改变的可能。那么，谁让基因突变防不胜防呢？

基因突变如果发生在体细胞，一旦是非常不好的突变，就可能让基因表达调控失衡，让已经分化的细胞生长失控，带有突变基因的"坏细胞"可能疯狂地增殖，产生新的更多的"坏细胞"，这些"坏细胞"就是"恶性肿瘤"，也叫作癌症。而且"坏细胞"可能占据原来"好细胞"的位置，或者在身体的其他部位转移，最终影响恶性肿瘤所在部位或新转移部位原有好的组织或者器官功能，导致难以治愈的后果，甚至死亡。另外，通过遗传也可能获得祖辈不好的突变基因，增加罹患癌症的风险。

目前的研究认为，癌症是遗传和环境因素共同作用的结果。人类的基因各司其职，其中有一些基因就和细胞生长、增殖、死亡、迁移等有密切的关系。科学家的研究陆续揭示了人类拥有的很多基因的不同功能，并对跟癌症息息相关的基因进行了归类。一种是原癌基因，一种是抑癌基因。原癌基因是指存在于生物正常细胞基因组中的癌基因。在正常情况下，存在于基因组中的原癌基因处于低表达或不表达状态，并发挥重要的生理功能。但在某些条件下，如病毒感染、化学致癌物或辐射作用等，原癌基因可被异常激活，转变为癌基因，诱导细胞发生癌变。抑癌基因是一类存在于正常细胞内可抑制细胞生长并具有潜在抑癌作用的基因。抑癌基因在控制细胞生长、增殖及分化过程中起着十分重要的负调节作用，它与原癌基因相互制约，维持正负调节信号的相对稳定。当这类基因在发生突变、缺失或失活时可引起细胞恶性转化，让细胞生长失去"理智"而导致肿瘤的发生，甚至让细胞转移侵占身体其他部位。

基因检测中我们介绍过，已经有很多先进的技术可以进行基因检测，比如二代测序技术，这些技术帮助人们能够从基因的水平来看待癌细胞（"坏细胞"）和我们原本的"好细胞"之间到底有哪些不同，到底是什么让人类得了某种癌症？下面我们通过实例来看一些"臭名昭著"的基因突变与癌症的关系吧！

1. 乳腺癌与 *BRCA* 基因突变

在认识 *BRCA* 基因之前我们先来看看关于好莱坞著名影星安吉丽娜·朱莉的真实故事。2013 年朱莉向《纽约时报》透露她接受了预防性乳腺切除手术，以降低自己患乳腺癌的风险。朱莉的妈妈曾经和癌症持续斗争了差不多 10 年的时间，最终还是因为癌症在 56 岁时离开了她。而朱莉遗传了妈妈突变的 *BRCA1* 基因，正是突变的 *BRCA1* 基因会让患乳腺癌和卵巢癌的概率大大增加，分别增加 87% 和 50%。朱莉为了降低患癌症的概率，主动选择在 37 岁时接受手术。

BRCA 基因的英文全称是 breast cancer susceptibility gene，是乳腺癌易感基因的缩写，包括 *BRCA1* 和 *BRCA2*，这两个抑癌基因是在 20 世纪 90 年代被先后发现的。*BRCA1/2* 基因是重要的疾病标志物，可以评估罹患乳腺癌、卵巢癌等的患病风险。*BRCA* 基因本身是抑癌基因，对细胞正常的生长有关键作用，而它的突变，很大程度上意味着癌症风险的增高，而且还具有家族遗传性。

朱莉对于自己的基因检测和对于基因突变采取的主动出击——切除患病风险的做法引起了广泛的社会效应。基因检测也揭开了神秘的面纱，逐渐进入了大众的视野。

2. 肺癌与 *EGFR* 基因突变

根据报道，2015 年我国的癌症统计数据显示，肺癌占据恶性肿瘤发病人数的第一位。吸烟、环境、遗传等因素都和肺癌的发生有关。目前的研究发现肺癌患者有不同类型的基因突变，而这些突变和肺癌的发生密切相关。其中 *EGFR* 基因突变是非小细胞肺癌基因突变中最为普遍和重要的类型（图 5-5）。

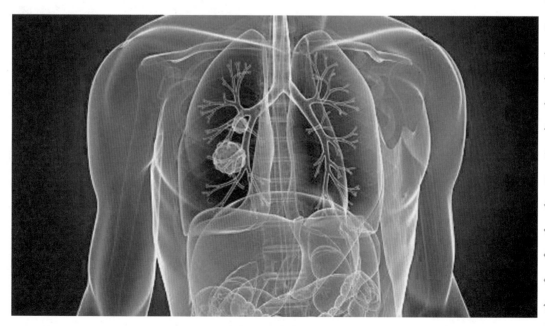

图 5-5　肺癌示意

EGFR 是表皮生长因子受体的缩写，它是原癌基因 *C-erbB-1* 的表达产物。*EGFR* 基因有 28 个外显子，外显子突变主要产生酪氨酸激酶区域，其中 19 号和 21 号外显子突变大概占 90%，18 号和 20 号外显子突变大概占 10%。针对 *EGFR* 基因突变导致的肺癌，也有对应的靶向抑制剂，如在临床上广泛应用的吉非替尼、奥西替尼等都能有效地针对 *EGFR* 基因，从而阻碍肿瘤的生长、转移和血管生成，并增加肿瘤细胞的凋亡。

3. 白血病与染色体易位

白血病又叫作血癌，由造血干细胞恶性增殖及分化障碍引起。2018 年的一部电影《我不是药神》赚足了国人的眼泪，也让慢性粒细胞白血病（CML 或简称为慢粒）患者被大众认知，电影里许多慢粒患者靠吃"神药"格列宁和印度仿制的格列宁续命。现实中确实有这样一种药——格列卫（化学名称：伊马替尼），它是全球首款靶向基因突变的抗癌药，被誉为白血病治疗的精准子弹。

慢粒患者中常见染色体易位现象，许多患者的 22 号染色体长臂与 9 号染色体发生易位形成新的染色体，导致 *BCR* 和 *ABL* 基因融合，这种现象于 1960 年在费城被首次发现，因此被命名为费城染色体。据统计，慢粒患者中有 90% ～ 95% 的人会出现费城染色体阳性（Ph+，图 5-6）。患者产生的 *BCR-ABL* 融合基因能翻译成分子量为 210 000 的蛋白质（P210），该蛋白质使酪氨酸激酶活性大大增强，引起细胞生长失控，导致慢粒的发生。

格列卫能够精准地作用于因为染色体改变而产生的融合蛋白 BCR-ABL，抑制这个"坏蛋白"过度活化，从而治疗疾病。据报道格列卫能够有效提高药物对症患者的 5 年生存率，用药后患者的 5 年生存率高达 89%。

上面我们简单介绍了几种有代表性的肿瘤和与之对应的比较常见的基因突变。癌症／恶性肿瘤一直以来就是困扰人类的难题，因为它很难治愈，人一旦得了癌症，生存期可能会大大缩短。科学家和医生也在一直努力研究，探索如何治疗癌症，延长患者的生存期，把癌症变成"慢病"，也在想方设法寻找治愈某些癌症的终极手段。

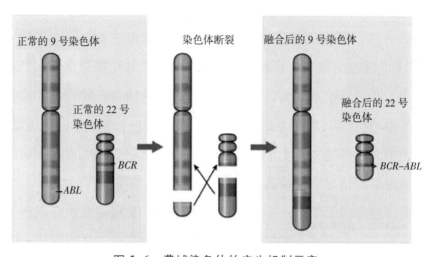

图 5-6　费城染色体的产生机制示意

（9号染色体在 *ABL* 基因处断裂，而 22 号染色体在 *BCR* 基因处断裂。断裂片段易位后，22 号染色体形成 *BCR-ABL* 融合基因）

▶ 四、感染了艾滋病病毒却安然无恙——*CCR5* 基因突变

　　我们知道基因突变具有随机性和多向性，有害的基因突变固然很多，但也有一些有益的基因突变带来了意想不到的好处。下面让我们认识一位特殊的患者。

　　在世界上众多的患者中，有个被称作"柏林患者"的人，他有着特殊的知名度和特别的意义。他是全球第一名被治愈的艾滋病患者，他的名字叫蒂莫西·雷·布朗。这位艾滋病患者是一位美国人，大概在常规抗艾滋病治疗 10 年后又患上了白血病。对他来说，绝症一个接着一个，人生真如噩梦一般。为了治疗白血病，他需要做骨髓移植，就这样奇迹发生了。骨髓移植结束后，他的艾滋病也好了。这究竟是怎么回事呢？我们刚刚认识了血癌——白血病，下面再来认识一下这个困扰全人类的由病毒引起的传染病——艾滋病。

艾滋病，即获得性免疫缺陷综合征（AIDS），是由人类免疫缺陷病毒（HIV，又称为艾滋病病毒）引起。人感染艾滋病病毒后，病毒主要攻击人体免疫系统中最重要的 CD4$^+$T 淋巴细胞，大量破坏该细胞，导致人体免疫系统受到严重损伤，患者容易患上感染性疾病或癌症，最终死亡。艾滋病病毒很狡猾，它能在感染者体内无症状平静地"潜伏"数年才出现症状，还可以从一个携带者身上通过性传播、母婴传播、血液传播等方式传给另一个人。因为潜伏期长，所以无症状感染者很可能在不知道患病的情况下传给其他人。

研究发现，趋化因子受体 5（CCR5）是 R5 型艾滋病病毒入侵细胞并兴风作浪的帮凶，它给艾滋病病毒指明需要攻击的对象。少部分人体内编码 CCR5 的基因发生突变，使得他们对艾滋病病毒具有抵抗力。这部分人的 *CCR5* 基因的编码区有 32 个碱基缺失即 *CCR5*-Δ32 突变，突变的 *CCR5* 基因无法充当艾滋病病毒入侵细胞的帮凶，故而他们对艾滋病病毒具有很好的抵抗力。

这就可以解释为何"柏林患者"的艾滋病会被治愈了。原来是骨髓捐献者 *CCR5* 基因发生突变，通过骨髓移植，"柏林患者"的免疫系统成功获得了带有 *CCR5* 基因突变的细胞，于是对艾滋病病毒产生了抵抗力。因幸运获得的突变基因，让他一次手术战胜了两个绝症。

人类一直在探寻生命的奥秘，解锁生命中最重要的遗传物质带来的信息。人类也一直在为更好、更健康的生活而努力，因此关于基因突变的研究依然在如火如荼地展开。生命密码突变而产生的新密码，也期待你能够在未来一起解密，更好地研究基因突变，更好地避免和治疗疾病，为提升人类的生命质量一起贡献吧！

第六章
基因可以修改吗
——基因编辑

▼

  通过前面的学习，大家已经知道了生物体的遗传物质主要是DNA，但是生物体的DNA其实是很脆弱的，生活中的很多因素，如辐射、紫外线、化学致癌物等都会引起DNA损伤。DNA在复制的过程中也有一定的出错概率，不过生命体的基因修复功能足够强大，大部分基因损伤或突变都可以被修复好，但还是会有很小一部分漏网之鱼，没有被成功修复，这就产生了基因突变。基因突变对生物体并不都是有害的，正是依赖于这些偶发的基因突变，地球上的生命能够不断进化，大自然的物种才能这么丰富多样。但有些基因突变是有害的，会造成生物体产生疾病甚至危及生命，比如遗传病和癌症等。基因治疗就是针对这些与基因突变相关的疾病而开发的一种治疗技术，已有多年的研究历史。基因编辑，顾名思义，是指对生物体基因进行编辑操作，是一种最新的基因技术，代表了人类最先进的分子生物学技术，有望在不久的将来也应用到疾病的基因治疗中。在了解基因治疗和基因编辑之前，我们先来了解一下相关的背景知识吧。

▶ 一、如何对基因进行操作——基因重组技术

带有遗传信息的 DNA 片段就是基因（图 6-1），生命的本质就是基因的传递，那么我们可以对基因进行修改并按照自己的意愿改变生物的基因吗？答案是可以，这就是基因重组技术，从字面上理解，就是对基因进行重新组织，是一种在分子水平上对基因进行重组操作的技术，又称基因工程。通俗地讲，

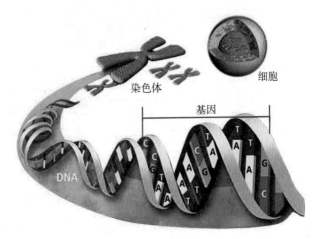

图 6-1 生命的本质——基因的传递

基因重组是指按操作者的意愿，进行严格的设计后，将一种生物体（供体）的基因与载体在体外进行拼接，然后转入另一种生物体（受体）内，赋予受体生物新的遗传特性，从而创造出更符合人们需要的新的生物类型和生物产品。

1. 基因操作的武器——工具酶

要在 DNA 水平进行基因重组，需要用到一些工具，这就是工具酶（图 6-2）。20 世纪 60 年代中期，瑞士微生物遗传学家阿尔伯（W. Arber）发现细菌体内存在着一种对 DNA 有特异性切割作用的酶，即限制性内切酶，并在 1968 年成功分离出 I 型限制性内切酶。2 年后，美国生物学家史密斯（H.O. Smith）分离出 II 型限制性内切酶，另一位美国遗传学家内森斯（D. Nathans）运用 II 型限制性内切酶成功地切割了 DNA。 DNA 连接酶则是在 1967 年被 3 个实验室同时发现，最初是在大肠埃希菌中发现的。DNA 连接酶广泛存在于各种生物体中，它可以将切断的 DNA 连接起来。

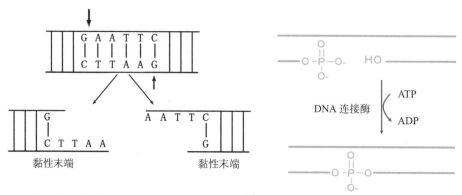

基因的剪刀：限制性内切酶　　　　　　　　基因的缝线：DNA 连接酶

图 6-2　基因操作的武器——工具酶

在阿尔伯等人稍后，美国生物化学家保罗·伯格（Paul Berg）（图 6-3）也使用限制性内切酶完成了 DNA 的切割，并发现 DNA 在切断处会产生一个附着性尾端。于是，伯格天才性地提出了一个设想：通过这一尾端，两条被切割的 DNA 链可能接合在一起。最终，1972 年，伯格成功地将被切割的 SV40 病毒环状 DNA 分子连接到也同样经过切割的细菌 DNA 上，在世界上首次完成了两种不同生物基因体外重组。他因这一发明在 1980 年获得了诺贝尔化学奖。后续也有一些其他的工具酶，如 DNA 聚合酶、RNA 聚合酶、逆转录酶、磷酸酶等，也包括大名鼎鼎的 CRISPR（原核生物基因组的一段重复序列），本质上也是一种工具酶。

图 6-3　保罗·伯格

伯格 1973 年将不同质粒的限制性内切酶片段在体外连接，构建了第一个具有生物学功能的杂交细菌质粒，从而使这一技术得到人们的重视。伯格发明的基因重组技术，使人类实现了用人工方法将两个不同的 DNA 组合在一起，创造出一个全新的生命！目前，科学家已利用这一技术开发新药物、培育转基因动植物。

2. 基因重组技术的步骤

基因重组技术的步骤包括哪些呢？

第一步是目的基因的获取，即将所需要的某一供体生物的遗传物质——DNA大分子提取或者扩增出来。

第二步是将目的基因DNA片段与载体DNA片段在体外进行连接，即在离体条件下用适当的工具酶分别把目的基因和载体基因进行切割，用DNA连接酶把它们连接起来。

第三步是通过一些方法将重组体DNA分子引入合适的宿主细胞，以让外源基因物质在其中"安家落户"。

最后一步是筛选携带目的基因的生物体。并不是所有的宿主细胞都能成功地导入重组体DNA，所以需要一个筛选步骤，把那些成功导入重组体DNA的细胞选出来，但是怎么分辨呢？不用担心，分子生物学家在重组体DNA里携带了一些特殊筛选标记，比如抗生素抗性或者荧光标记，导入成功的细胞就会表达抗生素抗性蛋白或荧光蛋白，这样科学家就可以很方便地把需要的细胞筛选出来了（图6-4）。

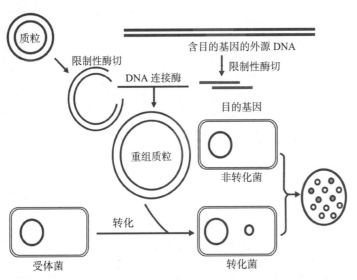

> 基因重组技术的三大基本元件是供体、载体、受体。主要步骤是分（目的基因分离）、切（载体与目的基因酶切）、接（载体与目的基因连接）、转（连接好的载体进行细胞转染）、筛（利用筛选标记对阳性细胞进行筛选）。

图6-4 基因重组过程示意

基因重组技术依赖于三大理论的发现：生物的遗传物质是 DNA，DNA 双螺旋结构与半保留复制机制，遗传信息的传递（中心法则）。还依赖于三大技术的发现：几种工具酶的发现，如限制性内切酶、DNA 连接酶、逆转录酶等，以及工具载体的使用。

3. 基因重组技术正在改变我们的生活

基因重组技术的用途非常多，并且已经深入我们生活中的方方面面。

利用该技术，我们可以构建转基因动植物，这些动植物由于导入了新的基因而具有了原先没有的全新的性状。如今，转基因技术已经在全世界广泛应用，引起了一场农业革命，如抗虫棉花、抗虫西红柿、生长迅速的鲫鱼等。

2003 年，美国得克萨斯的一家生物公司采用转基因技术，研制出了能发荧光的小型热带鱼。该类斑马鱼是一种常见的观赏鱼，荧光斑马鱼被分别转入了水母绿色荧光蛋白或者珊瑚虫红色荧光蛋白的基因，在紫外线的照射下，能够发出绿光或红光（图6-5）。荧光鱼作为观赏鱼在市场上销售，是第一种上市的转基因动物。

图 6-5　转入荧光蛋白的斑马鱼

2007 年，日本利用基因重组技术培育出了蓝色的月季花（图6-6），用的是三色堇和鸢尾里的两个基因。蔷薇科的花没有产生蓝色的基因，想培育蓝色的月季花就只能依靠转基因技术。这些采用转基因技术培育出来的蓝色的月季花就是后来被众多年轻人热捧的"蓝色妖姬"。

图 6-6   蓝色的月季花

　　克隆技术也是基因重组技术的一种，1997 年世界十大科技突破之首是克隆羊的诞生。这只叫"多莉"的母绵羊是第一只通过无性繁殖产生的哺乳动物，它完全秉承了给予它细胞核的那只母羊的遗传基因（图 6-7）。"克隆"一时间成为人们关注的焦点。

图 6-7   世界上第一只克隆羊

　　利用基因重组技术，我们还可以实现人类遗传病的基因治疗，基因治疗有望实现一些遗传性疾病的根治，还能帮助人类攻克世界级医学难题，它可以通过改变人体基因对抗镰状细胞贫血、艾滋病和癌症。

进入 21 世纪以来，基因重组技术发展迅速、日新月异，主要是依赖一些新的载体和工具酶的发现，如慢病毒载体、腺病毒载体、腺相关病毒载体的发现使得人体基因治疗可以成功实现。基因编辑技术本质上也属于基因重组技术的一种，早期发现的锌指核酸酶（ZFN）技术和类转录激活因子效应物核酸酶（TALEN）技术已经可以实现基因编辑了，但是这两种技术难度较大、效率较低，一直发展较为缓慢。直到 2013 年发现了 Cas9 等一系列的新工具酶，才有了 CRISPR 基因编辑技术，基因编辑技术才有了突飞猛进的发展，带来了基因编辑技术的革命。

当然，基因科技的发展也是一把双刃剑，它在给人类带来各种利益的同时也会给人类带来潜在的困扰，转基因技术目前还有较大争议，一些人对转基因食品的安全性还存在顾虑。我们坚信，随着科技的进一步发展和相关制度的制定和完善，这一切都可以成功解决，基因重组技术一定可以更好地服务于人类和社会。

▶ 二、基因可以"入药"吗——基因治疗

我们每个人都有生病的经历，有的病比较轻微，休息一下自己就可以好了，有的病严重一些，需要手术治疗或使用药物，我们比较熟悉的药物有口服的药片、胶囊，外用的软膏或者注射针剂等。那你见过用基因做的药物吗？

有一些疾病的本质是患者的基因出现了问题，这样的疾病应该怎么治呢？那么有没有可能在患者体内导入一个新的正确的基因拷贝来取代或是修复这个突变的基因，从而达到治疗这一类疾病的目的呢？答案当然是可以的，这就是基因治疗。其实，基因治疗的思路很简单，既然疾病的病因是基因出现了问题，那么我们通过各种方法让这些有问题的基因恢复正常不就可以治疗这些疾病了吗？基因治疗可以分为基因置

换、基因修正、基因增强和基因失活 4 种。顾名思义，基因置换就是用正常基因将异常的基因替换掉；基因修正就是将突变碱基直接进行修复；基因增强就是导入正常基因使原本有缺陷的基因恢复表达；基因失活就是利用基因技术抑制某些基因的表达。本质上，基因治疗也是属于转基因的一种，通过把功能性基因导入人体内来治疗疾病，只不过被转入的对象是人而已。

1. 基因治疗的应用——挑战遗传病

遗传病一直以来是基因治疗的一大热门领域，尤其是单基因遗传病，一直以来，95% 以上的遗传病都没有有效的治疗手段，更不要说根治。从理论上讲，基因治疗不仅可以治疗遗传病，还具备根治遗传病的潜力。基因治疗为一些传统方法无法治疗的疾病提供了新的选择，是广大遗传病患者疾病根治的希望！

目前，科学家已针对血友病、地中海贫血、镰状细胞贫血等多种遗传病开展了临床前研究。但是，开发安全有效的基因治疗技术并非易事，真正的挑战在于如何让治疗性基因进入体内，在超过 20 年的时间里，这一直是基因治疗学家面临的一项挑战。基因治疗的靶细胞主要分为两大类：体细胞和生殖细胞，体细胞就是除生殖细胞卵子和精子以外的人体细胞；生殖细胞的基因治疗是将正常基因直接引入生殖细胞，以纠正缺陷基因。这样，不仅可使遗传病在患者这一代得到治疗，而且还能将新基因传给患者后代，使遗传病得到根治。但生殖细胞的基因治疗涉及问题较多，技术复杂，还涉及伦理学方面的法规问题，目前还是受法律严格限制的，所以现在常说的基因治疗只限于体细胞。但是体细胞怎么选择呢？一般是选择在体内能保持相当长的寿命或者具有分裂能力的细胞，这样才能使被转入的基因有效地、长期地发挥"治疗"作用。所以，干细胞是比较理想的基因治疗靶细胞。

2. 基因治疗的交通工具——基因载体

那么怎么样把治疗基因导入人体体内呢？就像基因重组技术一样，基因治疗也需要用到载体，用通俗的话来讲，载体就是用来把治疗基因送到人体内的"交通工具"。就像人类乘坐的"汽车"一样，因为路途遥远、道路坎坷，这个"汽车"需要具备良好的安全防护性能，科学家一直在努力寻找和研制最合适的"汽车"。最终，科学家找到了一些适合的载体，就是一些改造过的特殊病毒，包括腺病毒载体、腺相关病毒载体和慢病毒载体等。病毒载体把运输的基因物质运到目的地之后感染靶细胞，就进入细胞里面，把携带的治疗基因释放到靶细胞内，就可以发挥治疗作用了。

一听到病毒，很多人也许会感到害怕，其实病毒也不一定都是坏的，有些病毒也是可以为人类所用的。科学家把一些原本导致人体发病的病毒进行基因改造，把这个病毒里面危险的基因都去掉，只留下一些关键性的基因，最为关键的是这个改造后的病毒只有一次感染能力，不用担心病毒会在人体细胞里疯狂复制，相对来说这种基因改造还是比较安全的。

最开始，科学家找到的是腺病毒，美国最开始进行的临床试验就是利用腺病毒（图6-8）进行的，但是，1999年的一次事件却给基因治疗蒙上了一层阴影。18岁的美国男孩杰西·格尔辛格在参与基因治疗项目4天后，因多器官衰竭死亡。研究发现，格尔辛格很可能死于免疫系统对腺病毒载体的过度反应。随后，科学家找到了一种更安全的病毒载体，即腺相关病毒（AAV）载体（图6-9），AAV是一种不会使人得病的病毒，免疫原性很低。科学家还研制出了另外一种病毒载体，叫作慢病毒载体。

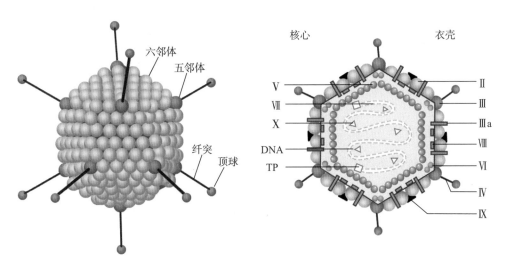

图6-8　腺病毒的结构

说出来你可能会吓一跳，慢病毒其实是由大名鼎鼎的艾滋病病毒改造而来的，不过不用害怕，科学家已经把病毒里面有害的、不需要的基因全部去掉了，已经非常安全了。

现在的基因治疗使用的病毒载体一般都是 AAV 载体和慢病毒载体（图 6-9），但是病毒载体也有一些不足，比如 AAV 不插入基因组，但疗效持续时间短，虽说免疫原性低，但还是有的；慢病毒载体免疫原性低，可以整合进细胞基因组，所以表达持久，但存在导致基因突变等安全性问题。所以科学家也在研制一些非病毒载体，主要包括裸露 DNA、脂质体、纳米载体等，非病毒载体成本低、制备简单、安全性高、外源基因长度不受限制，但也存在明显缺点，包括转染效率低、外源基因表达时间短、非特异性靶向性高等，其在临床的应用还需深入研究与改进。

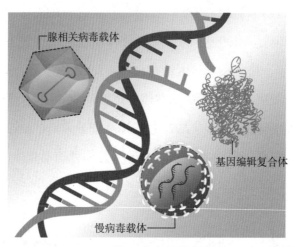

腺相关病毒载体

基因编辑复合体

慢病毒载体

图 6-9　基因治疗的常用载体

3. 基因药物的给药方式

基因药物的传递系统可分为两大类：非病毒的物理化学方法与重组病毒系统。非病毒方法的优势包括生产简单、重复性好、安全，但存在低效与持续时间短的问题。重组病毒目前主要应用的是慢病毒、AAV 等，它们具有高效和持续时间长的特点，但存在一定的基因突变与免疫反应的风险，总体而言风险还是比较小的。根据给药方式，基因治疗可分为"体内"和"离体"两种。体内基因治疗是利用载体直接将治疗基因静脉注射到患者体内或者直接注射到病变部位的方式来治疗疾病，应用的主要是腺病毒和 AAV 载体，目前已经批准的几个遗传病的基因治疗都是这种类型（图6-10）。离体基因治疗是直接取异体正常细胞或患者自身的病变细胞，在体外培养并进行基因修饰，将修饰后的细胞体外扩增后注射回输到患者体内，达到治疗疾病的目的。代表技术是造血干细胞基因治疗（图6-11）和大名鼎鼎的嵌合抗原受体 T 细胞治疗。

4. 基因治疗时代即将到来

基因治疗技术已经在多种疾病的治疗中展现出巨大潜力，并不局限在遗传病，过去一些束手无策的疾病，比如癌症，也有了治愈的希望。自1990年美国国立卫生研究院批准首个基因治疗的临床申请以来，基因治疗的发展是一个螺旋式前进的过程。在遇挫—倒退—再前进的过程中，基因治疗技术也在不断地发展与成熟。进入21世

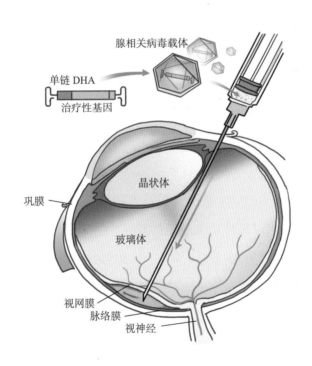

图 6-10　体内基因疗法治疗遗传性视网膜疾病示意

（体内基因疗法治疗遗传性视网膜疾病，将携带疾病治疗基因的病毒载体通过病变部位直接注射的方式导入患者体内，病毒载体感染病变细胞，使缺陷基因恢复表达，视力得到恢复）

纪以来，基因治疗开始逐渐走出困境，不断有令人鼓舞的成功案例出现——2006 年有了第一例成功的癌症基因治疗，2007 年开始了眼病基因治疗的尝试。

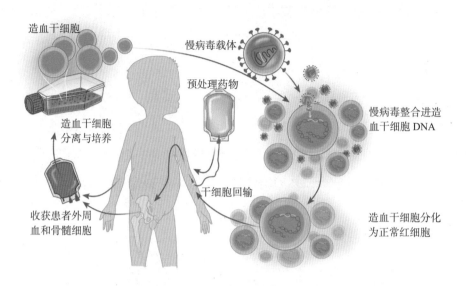

图 6-11　离体基因疗法治疗地中海贫血示意

（离体基因疗法治疗地中海贫血，将患者自身的骨髓干细胞分离出来后，在体外进行培养，加入携带治疗基因的慢病毒感染培养的细胞，使细胞缺陷基因恢复正常，再进一步扩大培养，注射回输到患者体内，达到治疗疾病的目的）

尤其是 2013 年以来 CRISPR 基因编辑技术的发现，基因治疗领域进入了全新的发展时期，基因编辑技术可以被用来直接修复突变的基因，在疾病治疗中具有非常好的应用前景。2016 年 6 月美国批准了第一个 CRISPR 临床试验。但基因编辑技术没有完全成熟，还需要解决编辑效率低、脱靶效应等问题。尽管存在着许多障碍，但基因治疗的发展趋势仍是令人鼓舞的。基因治疗这一新技术将会推动 21 世纪的医学革命，有望在未来 5 ～ 10 年走入寻常医疗机构，惠及大众。目前的基因治疗还只能进行一些最简单的基因补充治疗，要让基因治疗发挥更大效用、造福更多患者依然任重道远，还需要众多科学家、制药企业和临床医生共同努力。

▶ 三、基因手术刀——基因编辑的前世今生

我们都知道有些病需要做手术，通过手术刀把病变的阑尾、胆囊、肿瘤等给切除掉。但如果疾病的根源是基因有问题，该怎么治疗呢？传统的基因治疗也许可以在一定程度上解决这一问题，但这种基因治疗还仅仅是给患者体内"放回"一个正常的基因拷贝，距离真正的"精确修复"致病基因还有漫漫长路。有没有基因手术刀对基因实施精确的修补呢？幸运的是，人类已经找到了给基因做手术的手术刀，这就是基因编辑技术。

1. 基因编辑的概念

基因编辑，顾名思义，就是对生物的基因进行编辑，过程就像在 Word 文档中对错误的单词进行修改，但是如果这个文档很长呢？很难一眼看出错误在哪里，这就需要借助软件的编辑工具了，比如查找和替换功能。通过查找工具我们可以快速找到这些错误词语的位置，选中它们，然后删除或修改，最后点击"保存"按钮，便完成了词语的编辑修改。

基因编辑听起来似乎很"高大上"，简单来说，基因编辑是一种新型基因操作工具，科学家可以精确地对目标 DNA 进行插入、删除或重写，类似计算机编辑文字一样。那么，执行一个完美的基因编辑有哪些步骤呢？简单说只需要三步：查找位点、编辑修改和切口缝补。首先，我们需要想办法精准定位到我们想要编辑的碱基位点，然后使用合适的酶进行编辑，最后再把 DNA 上切开的切口修补上。这看起来似乎很简单，但实际上并没有那么简单。我们要编辑的细胞处于微观世界，细胞内的基因碱基对数量也是惊人的，人类的碱基对约有 31.6 亿个，其他生物有多有少，细菌的基因组有几百万个碱基对，那么要怎么去找到需要编辑的基因位点呢？难道需要我们用显微镜在细胞核的 DNA 上去一个个看（图 6-12）？但是 DNA 碱基在一般显微镜下是看不见的，细胞内也没有像 Word 文档那样的编辑工具。如何找到软件那样的查找工具，

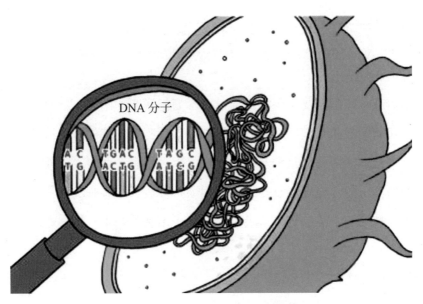

图 6-12　在基因组中进行碱基查找

正是限制基因编辑技术发展的最大难点！

　　科学家经过不断探索和研究，终于找到了查找编辑位点的工具，也就是一类具有碱基定位及编辑功能的蛋白质或者 RNA，它们可以用来搜索目标基因组，找到我们需要编辑的那段基因，然后"编辑"需要修改的基因。"编辑"的过程就像打开拉锁时，连续排列、齿齿相扣的链牙便会分开一样，DNA 的某段双螺旋结构也会被蛋白质或者 RNA 解开并修改。这样，我们就实现了基因编辑，如果被编辑基因的那个细胞是生殖细胞，那么编辑的基因就可以通过遗传使后代得到修复。

　　2. 基因编辑的前世

　　利用基因编辑来治疗疾病或改变性状这个想法，可以追溯到 20 世纪 50 年代 DNA 双螺旋结构的发现。认识到这一点后，人们就猜测识别导致遗传病的"分子错误"可以成为解决这些错误的手段，从而能够预防或逆转疾病。这一概念是基因编辑的基本理念。

　　20 世纪 80 年代，科学家在小鼠胚胎干细胞中通过基因打靶技术实现了基因编辑（图 6-13），但此技术本质上是利用细胞自身的 DNA 同源重组，成功率比较低，应用受到了极大的限制，只能用在实验研究中。

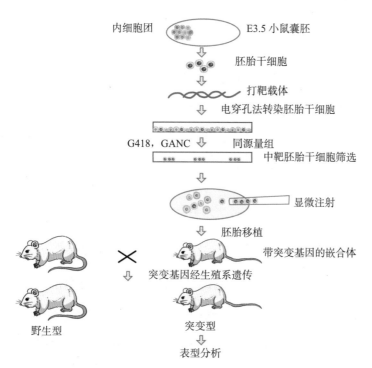

内细胞团 · · · E3.5 小鼠囊胚

↓ 胚胎干细胞

打靶载体

↓ 电穿孔法转染胚胎干细胞

G418，GANC ↓ 同源重组

中靶胚胎干细胞筛选

↓ 显微注射

↓ 胚胎移植

带突变基因的嵌合体

× 突变基因经生殖系遗传

野生型

突变型

↓ 表型分析

图 6-13　基因打靶技术

2007 年诺贝尔生理学或医学奖授予了马里奥·卡佩奇、马丁·埃文斯、奥利弗·史密斯三位科学家，他们发现了利用胚胎干细胞引入特异性基因修饰，也就是基因打靶技术。

　　直到 20 世纪 90 年代，科学家发现细胞内的一类锌指蛋白可特异性识别 DNA 上的三联碱基，也就是通过这个酶可以在基因组上找到需要编辑的位点，但是找到这些基因还不能编辑基因。不过这可难不倒科学家，他们构建了一种融合蛋白，将一个锌指蛋白的 DNA 结合结构域与一个核酸酶 DNA 切割结构域 *Fok* I 融合而产生一种新的蛋白，并取名叫锌指核酸酶（ZFN），这样就可以执行基因编辑的整个流程了：查找基因编辑位点→切割基因位点。但是一个锌指蛋白结构域只能识别一个三联碱基，不过也不用担心，可以把一串锌指结构域连起来，这样就可以实现对目的基因特定 DNA 序列的靶向切割了，ZFN 可用于精确修饰高等生物的基因组。这样，科学家就发明了一种新的基因编辑技术——ZFN 技术，这就是第一代基因编辑技术，但此技术专利被公司垄断，成本高昂，且锌指蛋白数量也十分有限，设计起来很复杂，就算是分子生物学毕业的博士也不能很快掌握这个技术，所以 ZFN 技术的应用受到了很大的限制。

随后，科学家又在植物病原菌黄单胞菌属中发现了类转录激活因子（TAL），TAL 是一种碱基识别工具，可以特异性识别 DNA 中的一个碱基。这样，科学界又找到了一个新的碱基查找工具。和 ZFN 一样，把 TAL 与核酸酶 *Fok* I 融合在一起，科学家又发明了第二代基因编辑技术——类转录激活因子效应物核酸酶（TALEN）技术。TALEN 技术在理论上可以实现对任意基因序列的编辑，但其操作过程较为烦琐，成本还是很高，在一定程度上限制了其发展和应用。

3. 基因编辑的今生

后来，基因编辑技术的发展一直不温不火，直到 2012 年，科学家发明了 CRISPR 基因编辑技术，也就是第三代基因编辑技术，基因编辑才取得了突破性的进展。CRISPR，也就是规律间隔成簇短回文重复序列，它的名字似乎比 TAL 更拗口，但记住字母代码就行。CRISPR 是一种在细菌内存在了数亿年甚至几十亿年的 DNA 序列结构，其实日本科学家早在 1987 年就发现了这一结构，只不过在相当长的一段时间里都没能搞清楚它的功能，更不用说将其用作 DNA 定位的工具了。后来的深入研究发现 CRISPR 本质上是细菌反抗自身天敌的一种工具，细菌的天敌叫噬菌体，是一种专门吃细菌的 DNA 病毒，放心，噬菌体不会感染人类细胞。细菌是单细胞生物，不像人类等多细胞生物有免疫系统可以帮助消灭入侵的病毒。那么，细菌怎么办呢？放心吧！细菌是不会坐以待毙的，否则细菌早就灭绝了。最终，细菌进化出来一套很复杂的系统，也就是 CRISPR 系统，其本质上是原核生物免疫系统，可以让细菌具有抵抗特定噬菌体再次感染的能力。随后，向导 RNA 与 CRISPR associate protein（Cas 蛋白）也被发现了。2012 年之后，科学家逐渐搞清楚了 CRISPR-Cas 系统的作用机制，也就是 Cas9 蛋白可以根据一段向导 RNA 的指引，找到对应的 DNA 序列，并将其切开。与 ZFN 和 TALEN 不同的是，协助我们找到基因位点的不是蛋白质，而是一段向导 RNA 序列，向导 RNA 指导 Cas 核酸酶到达基因编辑位点，从而发挥精确的基因编辑作用。之后这套工具就被科学家加以改造并为人类所用，人类基因组任何一个地方都可以当作假想的噬菌体。科学家把这套系统设计了一下，变成了可以识别生物体内任意序列的工具。自此，一个以 CRISPR 为主角的全新的基因编辑时代到来了，被科学界选为 2015 年度最佳突破。

为什么 CRISPR 基因编辑技术的发展会如此迅猛？其实这是由基因编辑的三个要素决定的，也就是准确性、效率和便利性。什么是准确性呢？就是基因编辑工具是否能准确地找到基因编辑位点，比如原本设计是对某一个 DNA 靶点进行基因编辑，但是基因编辑工具实际上把与这个靶点组成相似的位点也给编辑了，这就出现了脱靶。第二个我们关注的问题就是编辑的效率，任何技术都有一定的编辑效率，第三代基因编辑技术的效率要比第一代、第二代基因编辑技术高很多，这也是我们为什么对第三代基因编辑技术这么感兴趣的原因。另外一个要素则是便利性，CRISPR 最后能胜出，便利性也是重要因素，ZFN 和 TALEN 都是利用蛋白质与碱基配对来定位碱基，而 CRISPR 则只需要利用与目的基因对应的一段向导 RNA 即可完成这个任务。虽然 TALEN 是最精确和特异的核酸酶，比 ZFN 和 CRISPR 方法有更高的准确性，生产一个新的 TALEN 核酸酶大约需要 1 周时间和几百美元。与 TALEN 核酸酶相比，CRISPR 核酸酶的准确性略低，但 CRISPR-Cas 已被证明是最快捷、最便宜的方法，只花费不到 200 美元和几天的时间。

因此，CRISPR-Cas 是目前最受欢迎的基因编辑技术，广受科学家、投资者、企业家、生物制药业内人士及公众的青睐，在医疗健康、生物技术、农业生产、生物制药等领域拥有广阔的应用前景。同时，CRISPR 技术仍然在不断发展，针对 CRISPR 技术准确性低的问题，也就是脱靶效应，科学家还开发出了单碱基基因编辑工具——二代的精准版本 CRISPR 基因编辑技术。CRISPR-Cas 系统是科学家用来研究地球上任何生物（包括人类）基因密码的最快、最简单和最便宜的工具，只要每个研究人员都合理合法、准确地使用这一技术，CRISPR 必将更好地为人类的健康和生活服务。

基因编辑的两个关键步骤其实就是碱基的查找定位和 DNA 链的切割，科学家已经发现了很多核酸内切酶，只要稍加改造，对 DNA 链进行切割是很容易完成的。关键问题是如何进行精确的碱基定位，这也是基因编辑技术长达几十年进展缓慢的原因，基因编辑技术的发展史其实就是科学家寻找和改造碱基定位工具的发展史。

从 ZFN 到 TALEN 再到 CRISPR，其本质其实只是带着核酸酶找到我们想要编辑的位点的向导不同而已，它们之间也并不是新一代完全取代上一代的关系，而是各有优缺点。ZFN 至今依然活跃在基因编辑的前线，只不过由于时间、资金成本及技术难度的原因，表现并不如 CRISPR 那么亮眼罢了。

那么，CRISPR 基因编辑技术是怎么被发现的呢？故事要从 1987 年说起。

1. 细菌里的奇怪 DNA 序列

1987 年，日本大阪大学石野良纯研究组在分析大肠埃希菌基因组时（图 6-14），发现在大肠埃希菌的基因组 DNA 上有一些奇怪的重复结构，一段长 29 个碱基的序列重复出现了 5 次，并且每次重复之间都被插入了 32 个碱基，这 32 个碱基看起来杂乱无

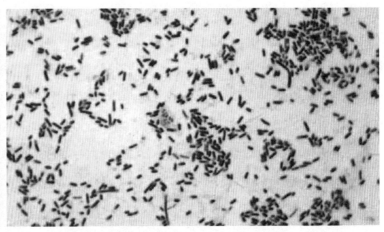

图 6-14 石野良纯与显微镜下的大肠埃希菌

章，与完全相同的 5 段碱基形成鲜明对比。但是在当时，人们对 DNA 的认知还很不全面，认为 DNA 只具有编码蛋白质或者调节蛋白质表达这两种功能，但 CRISPR 看起来与这两者都无关。困惑的科学家于是将这些序列当作无用的 DNA 序列而束之高阁了。

随后的 10 年（1989—1999 年），陆续有科学家发现类似的重复序列存在于多种细菌中。2000 年，西班牙科学家莫吉卡和同事通过比对发现这种重复元件存在于 20 多种细菌中，并将这种核酸序列命名为短规律性间隔重复序列，因为这些序列具有高度保守性，科学家开始好奇，这段神秘的序列是不是有着什么极其重要的功能？

CRISPR 一词正式登上历史舞台还是 2002 年的事，科学家通过生物信息学分析，发现这种新型 DNA 序列家族只存在于细菌及古生菌中，而在真核生物及病毒中没有被发现，并将这种序列称为规律间隔成簇短回文重复序列英文缩写为 CRISPR（图 6-15）。他们将邻近 CRISPR 的基因命名为 *Cas*（CRISPR-associated，意思为 CRISPR 相关的），并发现了 4 个 Cas 基因（*Cas1*、*Cas2*、*Cas3*、*Cas4*）。

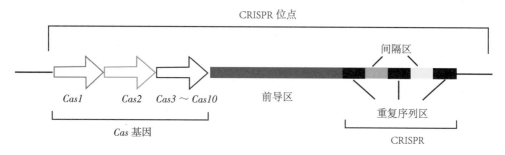

图 6-15　CRISPR 结构示意

到了 2005 年，科学家已经在 60 多种细菌中发现了 4 500 多段 CRISPR，通过将这些序列进行比对，他们意外地发现，有 88 段 DNA 序列在不同的细菌中多次出现，而且它们并不是 CRISPR 中的重复序列，而是夹杂在两端重复序列中的看似杂乱无章的 DNA 序列，这段序列是从哪里来的呢？

2. 专吃细菌的病毒——噬菌体

随着研究不断地深入，2005 年，科学家发现 CRISPR 中的间隔序列与一种病毒的 DNA 序列有着高度的相似性，这种病毒就是专门感染细菌的噬菌体（图6-16）。

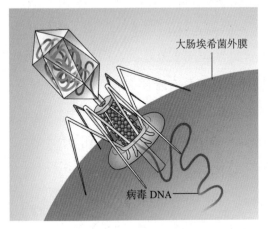

图 6-16　专 "吃" 细菌的病毒——噬菌体

发现这一现象后，科学家的第一反应就是，会不会是噬菌体入侵细菌之后，主动将自己的 DNA 整合进了细菌的基因组。因为科学家已经发现有一些逆转录病毒，比如最著名的艾滋病病毒，就具有将自己的核酸序列整合进宿主基因组的能力。然而，科学家继续研究后发现，在细菌基因组中的这一小段 DNA 并不足以制造出完整的病毒，因此，这段 DNA 可能不是噬菌体主动插入细菌基因组的。一种更有说服力的解释是，这段序列可能是细菌自己处理后加入重复序列中的。那么问题又来了，细菌为什么要把噬菌体的这段 DNA 序列加入自己的基因组呢？加入后有什么作用呢？这些问题，科学家一直都没有找到答案。

3. 细菌对噬菌体入侵的反抗

2005 年，科学家发现了一个现象，噬菌体无法感染携带有与其同源间隔序列的细菌，但是可以侵入那些没有间隔序列的细胞。于是，他们提出 CRISPR 可能参与了细菌的免疫功能这一假说（图6-17）。在 2007 年，科学家终于证明，细菌中添加一段 CRISPR 可以帮助其抵挡某种对应噬菌体的入侵，并且细菌的这种免疫性是可以遗传的，人为地去除或添加特定的间隔区序列，会影响细菌的抗性表现型。至此，科学家才终于初步了解了这段序列的功能，CRISPR 神秘的面纱被揭开了，但科学家还不清楚细菌是如何利用CRISPR抵抗噬菌体的。

4. 细菌抵抗噬菌体的秘密

在此之前，人们一直以为免疫系统是高等生物的专利，谁能想到一个单细胞生物细菌仅靠一段 DNA 序列就能完成对病毒的抵抗呢？ 前两代基因编辑技术 ZFN 和 TALEN 的发现已经给了我们一些提示，细菌可以根据自己基因组中的一段 DNA 序列，来抵抗拥有相同或相似序列的病毒入侵，那么在这之中就一定存在着某种 DNA 靶向机制。2008 年，科学家初步揭示了细菌中 CRISPR 的间隔序列如何在 Cas 蛋白的协助下介导发挥抗噬菌体的作用（图 6-17）。他们发现在 CRISPR 转录后，Cas 蛋白会形成一个复合物，与成熟的 CRISPR RNA(crRNA) 发挥小向导 RNA 的角色，如果发现和向导序列互补的侵入的病毒 DNA，Cas 蛋白就切割掉病毒的 DNA，从而抑制病毒入侵。2011 年，科学家通过对化脓性链球菌的研究，进一步明确了向导 RNA 即 crRNA 与支架 RNA（tracrRNA）在抵抗病毒中的作用机制。至此，科学家终于基本搞清楚了 CRISPR 在细菌里抵抗病毒的机制，但是仍然没有把 CRISPR 和基因编辑联系起来。

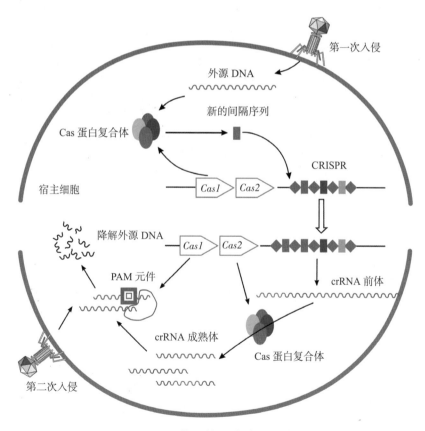

图 6-17 细菌抵抗噬菌体的二次入侵

5. 脑洞大开——CRISPR 居然可以应用于基因编辑

终于，在 2012 年，两位女科学家，分别是来自加利福尼亚大学伯克利分校的结构生物学家詹妮弗·杜德娜（Jennifer Doudna）和瑞典于默奥大学的埃马纽埃尔·卡彭蒂耶（Emmanuelle Charpentier），突发奇想、脑洞大开，在世界上第一次将 CRISPR 应用于基因编辑，并初步阐明了 CRISPR-Cas9 的工作原理（图 6-18），她们证明了 Cas9 蛋白可以根据一段向导 RNA 的指引，找到对应的 DNA 序列，并将其切断。同时，她们还开发出了根据 CRISPR 系统来精准编辑目的基因的技术，从而揭示了 CRISPR 系统在 RNA 指导下进行基因编辑的巨大潜力。

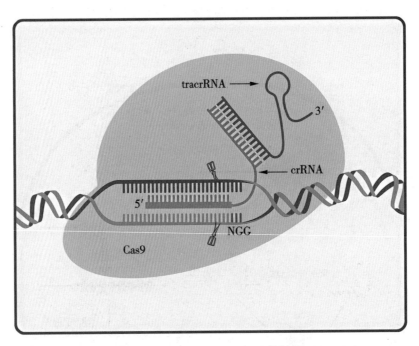

图 6-18　CRISPR-Cas9 工作机制

随后不久，有关 CRISPR-Cas 的研究一发不可收拾。首先是 2013 年初，来自于哈佛大学医学院、麻省理工学院博德研究所及加利福尼亚大学旧金山分校的科研人员，将 CRISPR 基因编辑系统成功应用到哺乳动物细胞中。自此，一个以 CRISPR 为主角的全新的基因编辑时代到来了。很快，科学家利用 CRISPR-Cas 系统实现了对斑马鱼、真菌及细菌的基因编辑。2013 年 5 月，科研人员利用 CRISPR 介导的基因编辑技术制造了含有多重突变的基因敲除小鼠，说明 CRISPR 基因编辑技术也能很好地在动物体内工作。随后，科学家实现了对果蝇、线虫、大鼠、猪、羊，以及水稻、小麦、高粱等多种生物的基因编辑。

6. CRISPR 基因编辑技术引领基因编辑时代的到来

CRISPR 基因编辑技术还在迅速发展之中，一系列的与 Cas9 类似的基因编辑蛋白被发现，如 Cas12a、Cas13、cpf1 等，CRISPR 基因编辑家族正在不断壮大。为了减少 CRISPR 的脱靶效应，科学家还研发出了更加精准的 dCas9 系统、先导 CRISPR 系统及单碱基基因编辑系统。我国科学家在 CRISPR 基因编辑技术中也取得了很多进展，尤其是在植物领域和基因治疗领域。

科学家还发现，CRISPR 系统除用于基因编辑外，还有很多用途，比如把系统稍微改造一下，就可以在不改变基因的情况下实现对某个基因的激活、抑制和荧光定位。还有一种特殊的 CRISPR 系统，可以应用于核酸快速检测，细菌、病毒等微生物都不在话下，科学家正在努力把这些技术加快转化为临床应用。所以，CRISPR 技术真是一个宝库，它还会有什么应用呢？也许下一个应用就是你发现的呢！

▶ 五、CRISPR 基因编辑技术是怎么工作的——试做 CRISPR 实验

既然 CRISPR 功能这么强大，大家一定想知道这个技术到底是怎么工作的，作为科学家，我们必须知其然还得知其所以然。在讲 CRISPR 基因编辑技术之前，我们先来了解一下 CRISPR 在细菌里面是怎么工作的。

1. 俘获外源 DNA

第一步是俘获外源 DNA，简单来说，CRISPR-Cas 系统在这一步实现了一个"DNA

黑名单登记"功能。我们可以想象一个场景：一个大肠埃希菌正在悠哉悠哉地畅游着，突然一只噬菌体发现了它并在它身上降落，还在细菌表面打一个孔，把自己的 DNA 注射进去。细菌想：这家伙不怀好意，不行，我得进行反抗！那怎么反抗呢？细菌自有妙招，这就是细菌自身进化而来的 CRISPR 系统，细菌从噬菌体注射进来的这段外源 DNA 中截取了一段序列，把这段序列作为这个外源 DNA 的"身份证"（图 6-19），因为每种噬菌体的 DNA 序列是有些区别的，所以可以用来区别它们。然后，细菌将截取的序列作为新的间隔序列整合到自己基因组的 CRISPR 之中，相当于给这个"身份证"存档了。细菌选取的这个"身份证"也不是随机的，间隔序列两端的几个碱基都十分保守，被称为原间隔序列邻近基序（PAM）。PAM 通常由 N、G、G 3 个碱基构成（N 为任意碱基）。这样一来，一段新的间隔序列就被添加到细菌基因组的 CRISPR 之中，细菌就记住了这种感染它的噬菌体的身份信息。

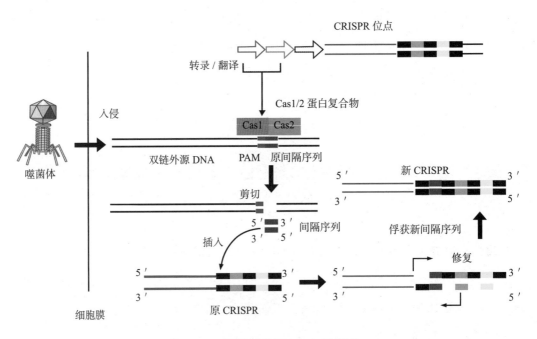

图 6-19　细菌对外源 DNA 的俘获

2. 制造"武器"

第二步是制造"武器"，防御外敌是需要武器装备的，细菌的 CRISPR 系统也需要制造"武器"来防御入侵者（图 6-20）。CRISPR 系统共有 3 种方式（Ⅰ、Ⅱ、Ⅲ型）来制造"武器"。目前最成熟、应用最广的 CRISPR-Cas9 系统属于Ⅱ型。因此，这里重点介绍 CRISPR-Cas9 的原理。当同种类型的噬菌体入侵者再次到来时，细菌内的 CRISPR 会在"指挥官"（前导区）的调控下转录出两种"军火材料"：pre-CRISPR-derived RNA (pre-crRNA) 和 trans-acting crRNA（tracrRNA）。其中，tracrRNA 是由重复序列区转录而成的具有发卡结构的 RNA，而 pre-crRNA 是由整个 CRISPR 转录而成的大型 RNA 分子。随后，pre-crRNA、tracrRNA 及 Cas9 编码的蛋白质将会成为一个"导弹组装工厂"。它将根据入侵者的类型，选取对应的"身份证"（间隔序列 RNA），并在 RNA 核酸酶的协助下对这段"身份证"序列进行加工剪切，最终形成一段短小的 crRNA（包含单一种类的间隔序列 RNA 及部分重复序列区）。于是特异性的 crRNA、Cas9 及 tracrRNA 组装成复合物，就生产出了精准的"巡航导弹"。

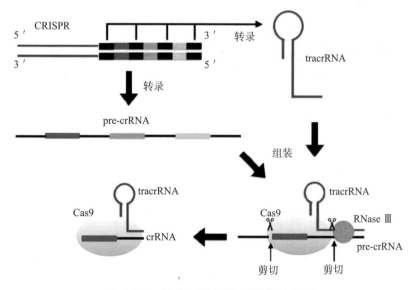

图 6-20　细菌制造抵抗噬菌体的武器

3. 发射导弹、成功歼敌

第三步是发射导弹、成功歼敌。发射导弹后，Cas9/tracrRNA/crRNA 复合物就像是一枚非常高级的全自动的巡航导弹，可以自动对入侵者的 DNA 进行精确的攻击（图 6-21），有点像现在的人工智能巡航导弹。或者说是菌工智能导弹。这个巡航导弹会在飞行的过程不断扫描整个外源 DNA 序列，看有没有与 crRNA 序列互补的序列，如果发现了互补的序列，导弹复合物会定位到这个区域，Cas9 蛋白就发起猛烈攻势，其核酸酶活性将攻击外源 DNA 双链。最终，Cas9 强大的火力使外源 DNA 被切断，外源 DNA 的表达被抑制，入侵者被成功歼灭。

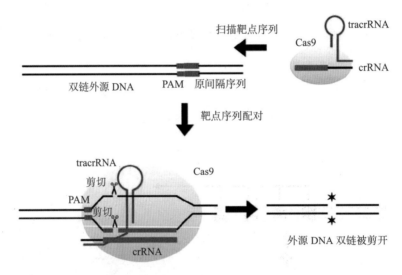

图 6-21　细菌对外源 DNA 发起攻击

4. 菌为我用——从细菌里诞生的高科技

虽然细菌的 CRISPR 系统是单细胞生物抵御病毒的一种免疫机制，但是本质上也是一种对核酸进行编辑的工具。在前面的内容中，大家已经了解了基因编辑本质上就是两个操作：碱基定位和 DNA 链切割。首先是需要在基因序列中查找定位需要编辑的位点，细菌 CRISPR 系统的定位工具是向导 RNA，也就是 crRNA，通过在 DNA 序列中扫描，准确地找到与之互补的序列，也就是需要编辑的位点。接着 Cas9 蛋白发挥核酸酶的作用，切断 DNA 双链，达到基因编辑的目的。

　　科学家开始思考，有没有可能利用细菌的 CRISPR 系统来进行基因编辑呢？能否把需要编辑的细胞基因组 DNA 看作是病毒或外源 DNA，利用这个系统对 DNA 进行切割呢？于是，科学家进行了一系列的实验研究，他们首先在细菌里面尝试，果然取得了成功。但是光能在细菌等原核生物里面工作不行，要为人类服务，必须能在高等生物，比如像人类这样的真核哺乳动物细胞或体内也能工作才行。不过，这可不是一件容易的事，细菌的基因系统和高等生物差别还是非常大的，比如细菌没有细胞核，氨基酸的密码子偏好也不一样。不过，这可难不倒科学家。科学家把编码 Cas 蛋白的基因进行了一系列的氨基酸密码子优化，使得基因增加真核生物的蛋白翻译系统，还添加了核定位信号，让 Cas 蛋白翻译出来后可以进入细胞核。最终，经过不懈努力和尝试，几位科学都不约而同地改造出了能在哺乳动物细胞里进行基因编辑的 CRISPR 基因编辑系统。其中就包括华人科学家张峰发明的 CRISPR-Cas9 基因编辑系统，而且张峰没有像之前的一代、二代基因编辑技术的拥有者那样，把这些技术限制得特别严，其他科学家要使用的话需要经过他们授权，程序非常烦琐且价格昂贵。张峰直接把自己改造后的基因编辑材料，也就是质粒，放在了美国的一个生物材料共享网站上，全世界任何人如果需要的话，可以直接向这个网站索取，只需要支付一个不到 100 美元的成本费用。正因为第三代基因编辑技术发明者的这种开放的态度，再加上该技术本身就有很多优点，CRISPR 基因编辑技术迅速风靡全球，大量科学家加入这一技术的研究中来，极大地促进了 CRISPR 基因编辑技术的发展，目前已经成为基因编辑技术的主流。

　　5. CRISPR-Cas9 基因编辑系统工作原理

　　下面我们以 CRISPR-Cas9 系统为例，简单介绍一下基因敲除细胞的构建原理。CRISPR-Cas9 主要由两个元件组成，也就是向导 RNA 和 Cas9 蛋白，向导 RNA 执行编辑位点查找的功能，Cas9 蛋白执行 DNA 切割的任务。科学家把这两个元件装入质粒载体里，质粒转染到细胞里后，会转录出 Cas9 蛋白和向导 RNA，再自动组装成基因编辑复合体，在细胞基因组上寻找待编辑位点，找到后便在目标基因位点将 DNA 双链切断，随后细胞会利用同源重组或非同源重组的机制对 DNA 进行修复，但是有较大的概率会修复错误，尤其是非同源重组时，会造成目标基因位点出现碱基插入或缺失，形成基因突变，这就是利用 CRISPR 构建基因敲除细胞的原理。如果在此基础上为细胞引入一个修复的模板质粒（供体 DNA 分子），这样细胞就会按照提供的模板在修复过程中引入片段插入或定点突变，实现基因的替换或者突变。在这个质粒系统里 Cas9 蛋白是固定不变的，我们只需要个性化地设计自己的向导 RNA 就行，与第一代和第二代基因编辑技术相比，简直是简单太多了。有点生物学和分子生物学基础的人基本都可以做这个体外的细胞实验，高中生的话，在老师的指导下，也可以初步学会这个技术的一些基本操作。那么，你也想学吗？

6. 一起来做一次 CRISPR 基因编辑实验

就拿利用 CRISPR-Cas9 基因编辑技术构建基因敲除细胞来举例吧。

第一步是准备实验材料。我们需要拿到一种基因编辑质粒，比如 PX458 质粒，这种质粒可以从 Addgene 网站或者国内生物公司购买。然后我们需要确定进行基因编辑的基因，利用一些在线设计网站或者软件，设计几个特异性的向导 RNA，向导 RNA 序列很短，不到 30 个碱基，可以直接让公司合成对应的 DNA 序列的两条互补链，然后把这个单链 DNA 组装成双链，基因重组装入酶切好的含有 Cas9 的质粒中，构建出个性化的重组质粒，然后一代测序验证一下插入的序列的正确性。这样，基因编辑的工具就构建好了。

第二步就是把这个质粒导入细胞里面。其实和前面讲过的基因重组后面的步骤是类似的，我们可以用脂质体转染、电转等方法将质粒导入细胞中，质粒里面的 Cas9 蛋白和向导 RNA 就会在细胞内表达，然后执行基因编辑的任务。

第三步是筛选阳性细胞。2 ~ 4 天后，我们就可以进行细胞筛选了，因为导入的质粒带筛选的标记，比如荧光和抗生素抗性，可以利用流式细胞分选技术或者加入抗生素把成功导入质粒的细胞筛选出来，这些细胞就是已经进行了基因编辑的混合细胞。

第四步是验证基因编辑效果。基因编辑的效果怎么样呢？还需要进一步检测，我们可以提取混合细胞的 DNA，设计引物，扩增出包含编辑位点的 DNA 片段，用一种特殊的酶检测基因编辑效率。还可以提取细胞的蛋白质，检测一下目标基因的表达情况。

第五步是制备单克隆稳定细胞。确认了编辑效率后，有必要的话，可以取部分混合细胞稀释成单个细胞进行培养，等这些单个细胞不停地扩增，数量不断增加后，我们再提取一些 DNA 测序验证，就可以确认这些细胞是否编辑成功，还能知道基因突变的具体信息。这样，我们个性化构建的一个基因编辑细胞就诞生了！

那么，怎么实现对动物的基因编辑呢？其实和细胞实验差不多，只是把实验的细胞换成了受精卵细胞，不过转染的方法和工具稍微有点区别。受精卵因为导入外源物质比较难，所以一般是把 Cas9 蛋白和向导 RNA 在体外制备组装好，利用显微注射的方法导入受精卵，再把经过基因编辑的受精卵导入代孕母体中，就可以实现基因编辑动物模型的构建。随着不断地深入研究，科学家还研究出了更精准的基因编辑技术，如突变型 dCas9 技术、先导 CRISPR 技术、单碱基基因编辑技术。CRISPR-Cas 基因编辑技术在各个行业已经被广泛应用，除了基因敲除、基因替换等，它还可以被用于基因激活、病原微生物核酸检测等。最重要的是，基因编辑技术给生命科学的发展提供了无限可能，让我们的生活充满了期待！

▶ 六、超出你我的想象——基因编辑技术的应用

2013 年以来，以 CRISPR 为代表的基因编辑技术一直是科技工作者关注的热点，为生命科学带来了革命性的突破。但是普通大众对这一技术并没有太多了解。直到一项由南方科技大学的贺建奎团队进行的基因编辑婴儿的研究出现时，全世界科学界对此是一片谴责，普通大众才第一次听说了基因编辑这样一种科技。

很多人对此感到害怕，觉得这是潘多拉的盒子，科学家则更多的是从技术层面看待 CRISPR 技术的应用，因为目前的 CRISPR 技术尚不能保证 100% 编辑准确性，还存在一定概率的脱靶效应。我们到底应该如何看待基因编辑技术呢？又该如何把握其在各个领域的应用呢？新的技术并不可怕，关键是要看这些技术掌握在什么人的手里，以及各国政府如何规范这些技术的应用。因此，过分的担心是完全多余的，相信随着 CRISPR 基因编辑技术的继续完善，脱靶效应会不断降低，相关科学伦理与法律也会进一步规范，基因编辑技术一定会有更广阔的应用前景。

从理论上讲，地球上所有的生物，CRISPR 技术都可以进行基因编辑操作，具有极大的商业化应用潜力，可以在农业、工业、医疗等多个领域发挥重要的作用。它可以让科学家更好地研究基因的功能，更快捷地制造基因敲除动物模型，为治疗人类疾病创造新的药物，帮助农民培育抗病动物和农作物，甚至让灭绝的物种起死回生。

1. CRISPR 技术让人类更加了解基因的功能

首先，CRISPR 基因编辑技术可以在生命科学研究领域大显身手，自从 CRISPR 技术出现后，在研究基因功能、基因调控、基因和疾病之间的关系时，科学家可以更方便、快捷地构建一些基因突变的细胞与疾病动物模型（图 6-22），它可以同时非常方便地编辑多个基因位点，没有生物类型与物种的限制。科学家已经可以实现对细菌、果蝇、线虫、小鼠、大鼠、猪、羊、猴，以及水稻、小麦、高粱等多种生物的基因编辑，这将会使人类更加了解各种基因的功能。

中国科学家利用 CRISPR 基因编辑技术敲除了猕猴一个生物节律核心基因，产生了一批生物节律紊乱的基因编辑猴，可用于人类精神病的研究。

图 6-22 基因编辑猴

2. CRISPR 技术帮助人类更有效地诊断和治疗疾病

在医疗应用领域里面，虽然基因编辑最初的重点主要是针对罕见遗传病的基因治疗，对于这些人类先天性基因突变导致的遗传病患者，基因编辑技术可以修正突变的基因，单碱基编辑器更是可以实现对突变基因的单个碱基的精准编辑，为这些遗传病的彻底治愈提供希望。

利用 CRISPR 技术改造艾滋病病毒携带者免疫细胞中的 *CCR5* 基因，可以使得细胞不再受 HIV-1 病毒感染，有望成功治愈艾滋病。CRISPR 基因治疗癌症的研究也在火热进行中，中国和美国的科学家相继进行了 CRISPR 基因编辑治疗肿瘤的临床试验。科学家通过 CRISPR 技术了对人体 T 淋巴细胞进行基因编辑，修改了 T 淋巴细胞中的几个关键基因，随后在实验室中培养增殖，最终注射回患者体内，使其从敌我不分变成了无所畏惧的抗癌"战士"（图 6-23）。

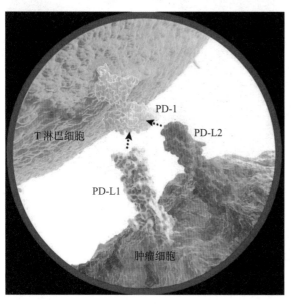

四川大学华西医院肿瘤学教授卢铀领衔的科研团队开展全球第一例 CRISPR-Cas9 基因编辑人体临床试验。2016 年 10 月 28 日，首名患者接受了基因改造的 T 淋巴细胞治疗，这些 T 淋巴细胞被 CRISPR 技术破坏了免疫耐受基因 *PD-1*。2020 年 4 月 28 日，《自然·医学》在线发表这项基因编辑一期临床试验结果，证实该技术安全可行。

图 6-23　T 淋巴细胞程序性死亡 -1（PD-1）与肿瘤细胞上其配体 PD-L1/L2 的结合

CRISPR 技术还有可能用于人类各种感染性疾病的诊断与治疗，有一种特殊的 CRISPR 家族蛋白（Cas13 和 Cas12a）可以用于核酸的高灵敏检测。科学家分别利用 Cas9 蛋白的变体 Cas13 和 Cas12a 开发出简单又便宜的 SHERLOCK 和 DETECTR 核酸检测平台，能够可靠地检测低水平的核酸，各种细菌、病毒（包括新型冠状病毒）感染都可以利用这种技术进行检测。很多科学家正在测试和完善这种检测技术，从而使其早日开始应用。

3. CRISPR 技术有望解决人类器官移植的供体短缺难题

目前人类的器官移植供体主要来自器官捐献。供体资源严重短缺，很多等待器官捐献的人根本等不到供体器官就去世了。猪被认为是人体异种器官来源的首选动物，猪的器官大小和人类器官非常接近，是人类非常理想的器官移植来源，但是猪的器官并不能直接用于人类。一个原因是人体对异体的免疫排斥反应，另外一个原因则是猪细胞内存在很多对人类有害的内源性逆转录病毒。科学家正在进行这一领域的研究，目标是为人类在猪体内培育出可移植于人类的器官。2017 年以来，他们已经对猪胚胎中的 60 多个内源性逆转录病毒基因进行了基因敲除，成功培育出不含有害病毒的猪品系，作为安全有效的异种移植器官来源，这些研究让猪成为患者的器官来源更有可能（图 6-24）。

图 6-24　不含有害病毒的猪

4. CRISPR 技术可以更快捷地培育出新的动物品种

在动物培育领域，CRISPR 技术还可以重塑动物性状，可以为人类塑造出任何想要的性状。比如迷你宠物猪，通过 CRISPR 技术敲除小猪生长激素受体基因，能够降低生长激素的活性，猪的生长就会受到抑制，从而将体重限制在 15 千克以内，本质上制造了一个侏儒症猪的动物模型。当然了，侏儒症猪也可以作为人类的宠物，这种猪的智力都是正常的，毕竟很多人都不喜欢自己的迷你宠物猪突然变成一头大肥猪。

5. CRISPR 技术可以更快捷、有效地进行农作物品种改良

在畜牧业和农业方面，CRISPR 技术也大有可为。传统的农业育种技术，只能被动地利用自然变异选择想要改变的性状，不能控制改变的程度。目前 CRISPR 技术已经在鸡、牛、羊等家禽和家畜以及玉米、水稻、棉花、番茄等重要经济作物中实现了基因改造（图 6-25），有效提高了这些家禽、家畜和经济作物的产量和质量。我国科学家在 CRISPR 基因编辑农作物改良领域取得了较大成就，已经成功地改造了大米的 4 种基因。和传统的转基因动物或植物不同，基因编辑动植物的研发成本更低、时间更短，目前大多数 CRISPR 在农作物改良上的应用都是对基因的敲除，并没有引入外源性的基因，其实就是相当于加快了动植物的基因突变，会减少公众对转基因食品安全性的担忧。

番茄和辣椒同属于一个祖先，两者体内都藏有辣味基因，后来番茄中的辣味基因渐渐休眠。科学家利用 CRISPR-Cas9 基因编辑技术唤醒番茄的辣味基因，这些番茄可以用来制作辣椒喷雾、麻醉剂和减肥药等。

图 6-25　番茄和辣椒

6. CRISPR 技术有望复活已经灭绝的物种

猛犸象曾经是冰川时代的远古巨兽，最后一批猛犸象随着冰川的消退而灭绝，现在我们只能在博物馆看到它们的标本或模型。有些找到的猛犸象标本在西伯利亚冻土层内保存得非常完好，科学家有机会提取到质量比较高的猛犸象 DNA。2017 年，美国哈佛大学的科学家计划通过基因编辑技术，对亚洲象细胞进行改造，使其基因组携带一些决定猛犸象主要特征的猛犸象基因，再将改造好的亚洲象细胞进行核移植，培

育克隆胚胎，从而复活猛犸象（图6-26）。当然这只是理想化的情况，难度还是非常大的，也不一定能够成功，但是已经给了人类足够大的想象空间，也许不久的将来科幻片《侏罗纪公园》里的场景真的可以实现了。

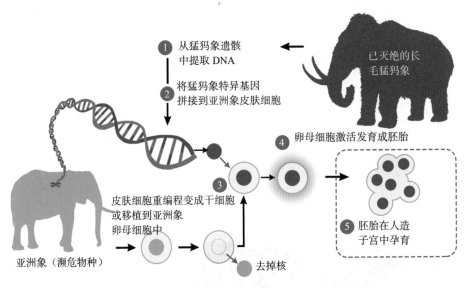

图6-26　猛犸象的复活计划

7. CRISPR技术的应用将大大超出人们的想象

CRISPR基因编辑技术的应用还在发展中，CRISPR技术突破了以往的基因编辑技术的各种局限，同时保障了精确度和操作的简便性，给基因编辑技术的发展带来了质的飞跃，而且CRISPR技术本身也在不断发展和完善之中，编辑的准确率和效率也在不断提升。

这些优势进一步扩展了CRISPR技术的使用场景和现实优势，同时科学家还不断对CRISPR基因编辑系统进行改造。现在CRISPR系统不仅仅用于基因敲除和基因敲入，还可以在不改变基因序列的情况下，实现基因激活、基因抑制、基因定位的功能。CRISPR技术还在不断发展之中，它的应用将大大超出我们的想象！CRISPR技术必将使人类的生活更加美好，让我们拭目以待吧！

第七章
没有父亲也可以繁殖吗
——克隆羊"多莉"的启示录

▼

自从 1953 年，沃森和克里克发现了 DNA 双螺旋结构后，"生命之谜"被逐渐解开，它告诉我们生命是如何被基因控制并一代一代传承下来的。但天性好奇的人们又有了其他疑问，比如单细胞和多细胞生物体之间有什么样的关联？一个受精卵如何在分裂过程中指导不同的细胞分化成不同的样子？植物可以取一些细胞下来很容易就长成新的植物，动物细胞为什么不能跟植物一样取下一些细胞然后长成一个新的动物呢？在很长一段时间，人们都认为高等动物的细胞分化后就再也不能改变了，是一个不可逆的过程，并被作为生物学的基本法则之一写进教科书。直到克隆羊"多莉"的出现，才改变了人们的认识，原来，分化成熟的高等动物也具有复制的潜力。

▶ 一、世界上第一头克隆绵羊——多莉

1996年7月5日，在英国爱丁堡市罗斯林研究所出生了一只小羊，它的名字叫多莉（图7-1）。这只小母羊的长相看似跟一般的小羊差不多，但实际上这只小羊是一只非同寻常的小羊，它的诞生经历了与其他小羊完全不同的过程。多莉没有父亲，却有3个母亲：第一个母亲是一只苏格兰黑脸羊，它为多莉的诞生提供了卵细胞和线粒体（我们称它为母亲A）；第二个母亲是一只芬兰多塞特白脸绵羊，它为多莉提供了基因（母亲B）；第三个母亲是另一只苏格兰黑脸羊，它是生育多莉的母亲（母亲C）。多莉出生后，长得跟它第二个母亲——芬兰多塞特白脸绵羊一模一样，这是怎么回事呢？

母亲A：苏格兰黑脸羊

母亲B：芬兰多塞特白脸绵羊

母亲C：苏格兰黑脸羊

多莉

图7-1　多莉和它的3个母亲

原来，多莉是通过克隆技术培育出的小羊，它是世界上第一只克隆绵羊。多莉的3个母亲分别为多莉提供了去掉细胞核的卵细胞、含有遗传信息的细胞核及羊胚胎的发育环境——子宫。

多莉的创造过程是这样的（图7-2）：先从母亲B"芬兰多塞特白脸绵羊"的乳腺中取出乳腺细胞，取出这个细胞的细胞核；然后从母亲A"苏格兰黑脸羊"中取出卵细胞，并立即将其细胞核除去，留下一个无核的卵细胞；再通过电脉冲的方法将第一步取出的乳腺细胞的细胞核与第二步取出细胞核的无核卵细胞进行融合，形成融合细胞；又将融合细胞跟受精卵一样进行细胞分裂、分化，从而形成胚胎细胞；最后将胚胎细胞转移到母亲C即另一只"苏格兰黑脸羊"的子宫内，胚胎细胞进一步分化和发育，形成一只小绵羊。由于多莉的基因来自芬兰多塞特白脸绵羊，而基因掌控着决定外貌特征的信息，因此从外表来看多莉就像是母亲B芬兰多塞特白脸绵羊复制出来的一样。

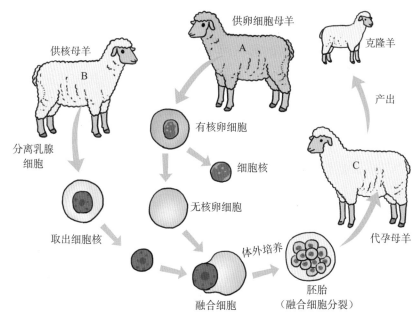

图7-2　多莉的创造过程

▶ 二、无性生殖的奇妙技术——克隆

克隆羊多莉的诞生在当时轰动了全世界，它代表着克隆技术领域研究的巨大突破。那么什么是克隆技术呢？它为什么会引起当时科学界的广泛关注？

故事起源于1952年，美国科学家罗伯特·布里格斯（Robert Briggs）和托马斯·金（Thomas King）将青蛙受精卵的细胞核移植到卵细胞中并发育成胚胎。这是人类第一次用细胞核移植技术成功发育成胚胎。

1958年，英国科学家约翰·戈登（John Gurdon）用非洲爪蟾做了一个实验。他先取走了爪蟾卵细胞的细胞核，然后在爪蟾的肠上皮取了一些细胞，并将这些细胞的细胞核取出来，移植到去除细胞核的爪蟾卵细胞中，经过培育成功地创造出了一堆长相相同的爪蟾，就好像复制出的一样。在这个过程中，提供细胞核的细胞是一个已经分化发育成熟的体细胞，在一般情况下，体细胞的细胞核只能根据它所在的部位进行蛋白质表达，表现出这个部位的特征，比如皮肤细胞就只会出现在动物的身体表面，心脏只会长成心脏的形状而不会长成眼睛的形状。当细胞核移植到去核的卵细胞中之后，卵细胞的细胞质会改变这个细胞核的运作模式，就像是计算机的运算程序被重新编写了一样，科学家将这种现象叫作细胞的"重编程"。约翰·戈登所做的实验中，将皮肤细胞这种体细胞的细胞核移植到没有核的卵细胞中，这种技术就被称为"体细胞核移植重编程"，它的另一个名称大家也许更为熟悉，也就是克隆（图7-3）。由于约翰·戈登实验的成功，他后来被称为克隆（体细胞核移植重编程）技术之父，并因为对克隆技术的重要贡献而获得了2012年的诺贝尔生理学或医学奖。

约翰·戈登通过体细胞重编程创造出一只爪蟾，实际上是一种无性繁殖技术。由于英文中"clone"是指生物体通过体细胞进行的无性繁殖的过程，翻译为中文即克隆，因此该技术被称为克隆技术。与自然界存在的无性繁殖，如孢子生殖、出芽

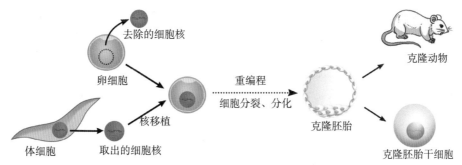

图 7-3　克隆（体细胞核移植重编程）过程

生殖、分裂生殖，以及植物的压条、扦插或嫁接等不同，动物的克隆是需要经过人工诱导才能实现的无性繁殖。通过克隆技术，一个普通的动物体细胞也能变得像受精卵一样具有发育成各种器官乃至完整生物个体的可能性。

在约翰·戈登成功运用克隆技术培育出爪蟾之后，克隆技术开始被运用于研究动物发育的机制。科学家更多地采用更加便于操作的蛙、鱼、昆虫等作为实验动物，因为这些动物的卵又大又好养活，通常只要有一台普通的显微镜就能完成细胞核的移植操作，之后将新融合的胚胎放入培养液里就能发育并形成一个新的个体。而哺乳动物属于胎生，应用这种技术操作起来十分困难，因此很少有人采用哺乳动物进行克隆。虽然确实有人用兔、牛、羊等哺乳动物开展了实验，但都没有引起人们广泛的关注。直到 1996 年，伊恩·威尔穆特等人通过克隆技术带来了多莉，人们才认识到哺乳动物也是可以被克隆出来的，这个多莉就是前面提到的拥有 3 个母亲，却没有父亲的小绵羊。

▶ 三、为什么要克隆动物——克隆的意义

多莉是世界上被认可的第一只通过克隆技术产生的哺乳动物，它的诞生证明了高等动物被克隆并正常生活和生育的可行性，极大地推动了克隆技术在其他哺乳动物中的应用。在多莉之后，20多种高等动物陆续被克隆成功，如山羊、小鼠、牛、猪、兔、骡子、鹿、马、骆驼、狗、猫，以及和人类相近的猕猴等。

由于克隆动物打破了自然繁殖的规律，破环了生物个体的独一无二性，克隆技术受到生态学、伦理学等多方面的质疑，为什么科学家还要坚持不懈地克隆动物呢？因为在科学界的伦理规范范围内，克隆技术在畜牧业发展、拯救濒危动物、生物医学领域应用等方面存在重要的价值。

首先，克隆技术为畜牧业大规模复制动物优良品种和生产转基因动物提供了有效方法，如培养肉质好的牛、羊和猪等，产奶量高且富含人体所需营养元素的奶牛，体质优良的马、警犬、藏獒，或为失去爱宠的人士克隆宠物猫、狗等。通常情况下，动物育种周期长且无法保证动物品种的纯度，采用克隆技术进行无性繁殖，就能从同一个体中复制出大量完全相同的纯正品种，保障品种纯度，且费时少、选育的品种性状稳定，差异度低。

其次，克隆技术可用于抢救珍奇濒危动物。1999年，美国科学家用牛卵子克隆出珍稀动物盘羊的胚胎，我国科学家用兔卵子克隆了大熊猫的早期胚胎。2004年，美国依阿华大学成功克隆出濒危灭绝的雪貂利比和利丽，这些成果说明克隆技术有可能成为拯救濒危动物的一条新途径。2009年，一种已灭绝的庇里牛斯山羊被克隆成功，这是人类第一次将已灭绝的物种克隆出来。虽然它仅活了7分钟，但为灭绝动物的再生带来了希望。

再次，克隆技术另一个应用广泛的领域是生物医学领域。克隆产生的动物可为生物医学实验提供充足的动物模型，用于探索人类发病规律，攻克遗传病，推进转基因动物研究，例如应用转基因加克隆技术的方法制造药物蛋白，也可采用克隆技术克隆出异种纯系动物，用于提供移植器官。操作过程为：先把人体相关基因转移到纯系猪中，再用克隆技术把带有人类基因的特种猪大量繁殖以产生大量适用器官。由于器官的细胞表面含有人体蛋白结构特性，当培育的猪器官移植入患者体内时，排异反应低，成功率提高，更加安全。此外，也应用于制造药物蛋白。利用转基因技术将药物蛋白基因转移到动物中并使之在乳腺中表达，产生含有药物蛋白的乳汁，并利用克隆技术繁殖这种转基因动物，大量制造药物蛋白。

灵长类动物由于最接近人类的特性，是模拟人类疾病开展医学研究的最佳动物模型。美国俄勒冈地区灵长类动物研究中心的科学家在2000年成功克隆了灵长类动物，但克隆过程使用的细胞来源为猴胚胎细胞，并非体细胞，当时灵长类动物体细胞克隆仍为世界难题。体细胞克隆猴的重要性在于，能够在一年内产生大批遗传背景相同、可以模拟人类疾病的模型猴，促进针对脑疾病、免疫缺陷、肿瘤、代谢性疾病等的新药研发。例如阿尔茨海默病、自闭症等脑疾病模型猴，将为脑疾病机制研究、干预及诊治提供良好的研究动物模型。

2018年1月25日，中科院神经科学研究所团队宣布首次完成体细胞克隆猴，为出生的两只克隆猴起名为"中中"和"华华"（图7-4），中国成为世界率先攻克体细胞克隆灵长类动物这一难题的国家，这是中国科学界的一个骄傲。

图7-4　克隆猴"中中"和"华华"

▶ 四、克隆动物寿命短吗——克隆的缺陷

克隆技术创造出了划时代意义的克隆动物，但是这种技术并不是那么完美。克隆羊多莉在它 6 岁半的时候就因为出现多种老年绵羊所患疾病的症状，最后因为严重的肺病不得不早早接受安乐死（与它同品种的羊一般可以活到 10 岁左右）。很多科学家认为多莉的早衰是因为克隆动物的细胞中的端粒（一种对寿命具有重要作用的染色体 DNA- 蛋白质复合体）继承了为它提供细胞核的成年绵羊（当时已经有 6 岁）体细胞端粒的长度，也就是说，它一出生就已经具有一只 6 岁绵羊的端粒，所以才影响了它的寿命。那是不是说克隆产生的动物就会像老年羊一样容易得病，身体抵抗力低于正常繁殖的动物呢？

德国的一个研究小组发现，克隆牛在胚胎发育的过程中可以修复较短的端粒，修复之后的长度可以达同龄动物的相同水平，这似乎意味着克隆动物可以拥有正常的

图 7-5 多莉的 4 个克隆姐妹

寿命。后来，英国诺丁汉大学辛克莱教授领导的研究团队，用与克隆羊多莉来源相同的乳腺细胞又克隆了 4 只绵羊（遗传信息与多莉完全相同，可以说是多莉的克隆姐妹，图 7-5）。但是它们的寿命及各项身体指标却与普通的绵羊没有太大差异，整个生长过程都很健康。科学家推测有一些克隆动物中出现较短的端粒，可能与克隆导致 DNA 发生特定化学修饰，进而阻碍端粒酶对端粒的结合或者修复有关，所以才导致其寿命变短。

▶ 五、多莉带来的启示——克隆的伦理

虽然已有研究证明克隆动物的寿命不一定会受到影响，但是通过多莉的出生与去世，克隆技术带来的有益价值让人们充满希望的同时，也引发了各界人士对克隆技术的广泛讨论。

尽管克隆技术还只是应用于动物当中，但其终极目标还是应用于人，这就需要考虑伦理问题。原本每个动物或人都是有父母的，而克隆其实是产生了另一个一模一样的自己，比如多莉与她的母亲之间，到底是母女关系，还是姐妹关系呢？不管是动物还是人，这都破坏了原有的伦理秩序，会使人丧失归属感。如果克隆发生在人类当中，原来因结婚生子而更加稳固的情感秩序，由于克隆技术的存在，在缺失结婚生子环节的情况下即可繁育后代，这种情感秩序还会存在吗？

克隆技术从根本上破坏了生物个体的独一无二性，大量的克隆生物导致的基因无差别复制，会威胁基因多样性的保持，生物的演化将出现一个逆向的颠倒过程，即由复杂走向简单，动物或人因进化而产生的不可重复性和不可替代性会因大量复制而丧失个性特征，这对生物的生存是极为不利的。如若有人不正当使用克隆技术的话，那么克隆技术将有可能带来未知的伤害甚至是一场灾难。正因为人类克隆可能会给人类

社会带来不可预知的危害，为了保护人类的有序发展，目前世界多国对人类胚胎克隆实验是立法禁止的。

第八章
为什么同卵双生的双胞胎长得不一样
——身边的表观遗传

▼

我们都知道双胞胎有的长得很像，但有的长得差别很大，这是为什么呢？首先我们要知道，双胞胎可以分为同卵双生和异卵双生，如果是异卵双生，也就意味着虽然是双胞胎，但其实和单卵单生是一样的，各自的DNA不同，这样的双胞胎可以是龙凤胎，即使性别一样，长相同样也会差异很大。但同卵双生是指受精卵在卵裂时由于自身或者外界某些随机性因素而一分为二，从而形成两个可以独立发育的相同的胚胎。同卵双生的双胞胎DNA几乎是完全相同的，双胞胎的外貌虽然很像，但由于性状是由基因和环境决定的，基因几乎相同，但受环境因素影响，个体的性状不一定相同，所以二者的性状，包括容貌、身材等不会完全相同。这种基因的DNA序列没有发生改变，但基因功能发生了可遗传的变化，并最终导致了表现型的变化，就是我们所说的表观遗传。

　　生物学的中心法则似乎让人们认为 DNA 确定后，生命过程就会沿着特定的轨迹运行，即生物生长发育的命运已经被确定了。生物体生命过程真的如此简单吗？实际上，纷繁复杂的生物体远非如此简单。早在 20 世纪 40 年代，生物学家康拉德·哈尔·沃丁顿（Conrad Hal Waddington）就创造了"后生"的说法，用来描述他的逻辑推理，即在胚胎发育过程中必定存在一种高于基因的机制，它使相同的基因可以在不同的细胞类型和环境中表达水平出现差异。这里的"后生"即我们现在所说的表观遗传。这与经典的孟德尔遗传定律并不相符。表观遗传学又被称作"表遗传学""外遗传学""后遗传学"，主要研究的是在不改变基因组 DNA 序列的情况下，基因组存在的可逆的、可遗传变化。在这些改变中，有对 DNA 的修饰，有对组蛋白的修饰，还有对 RNA 的干扰等。这些非 DNA 序列的修饰在生物发育过程中起着非常重要的作用，以一种非直接的方式对 DNA 进行着调控。这就好比一条路上闪烁的霓虹灯，可以起到照明和装饰的作用，但并不提供最主要的交通功能。表观遗传修饰能够告诉基因组什么候表达基因，表达什么基因。这些基因的表达有些能够让细胞知道要从干细胞分化成什么样的细胞，有些是参与细胞分裂调控这一过程，还有一些基因通过错误的表观遗传修饰发生突变而产生疾病。因此，表观遗传修饰有对生物有利的一面，也有对生物有害的一面。人们对表观遗传修饰了解得越多也就越能够利用其有利的一面，从而避免有害的一面。

　　在生物体中表观遗传修饰时时处处存在。有的可以帮助细胞找到正确的分裂分化方向，从而保证生物体正常发育；而有的表观遗传修饰却有可能是疾病发生的根源。从这一点出发，科学家首先需要找到更多的表观遗传现象，再进一步进行阐释，找出疾病发生的根源。就目前而言，最典型的表观遗传现象发生在 3 个不同层面。

　　第一个层面发生在 DNA 自身上，DNA 能够被甲基化或羟甲基化。这个层面的修饰起到的作用是直接对基因的表达进行调控，需要注意的是这时的修饰仅仅是对DNA序列上的某些碱基进行修饰，并不会改变DNA序列本身的顺序或碱基的类型。

第二个层面是组蛋白形成后可以在其尾部不同的位置进行不同类型的修饰，如甲基化、磷酸化、乙酰化等（图8-1）。组蛋白修饰在不同的生物学过程中起作用，如转录激活或失活、染色体包装和DNA损伤修复。这些组蛋白的翻译后修饰可以通过改变染色质结构或招募组蛋白修饰因子来影响基因表达。

第三个层面是核小体位置的改变。核小体位置的改变是由许多复杂的过程来调控的，这些过程主要分为两个方面：顺式作用和反式作用。这里的顺式作用是指核小体的结构能通过DNA序列来决定。而反式作用就是指一些染色质重塑因子对核小体自身产生的影响。其中一个反式作用过程——基因转录，最初是破坏染色质的结构，但随后迅速和适当地重组和定位核小体。

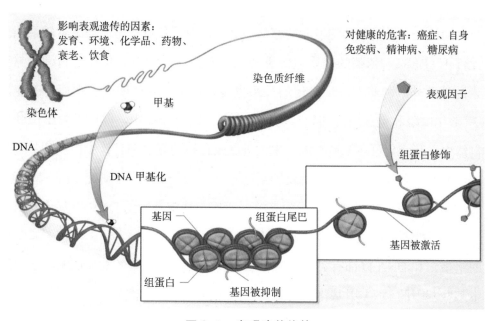

图8-1 表观遗传修饰

虽然染色质的表观遗传修饰有 3 个不同层面，但由于细胞的分裂分化过程是高度动态的。因此，DNA 修饰、组蛋白修饰和核小体重定位往往是同时发生的。例如：当真核生物的 DNA 被压缩成染色质时需要招募重塑因子帮助其完成这一过程。ATP 依赖的重塑复合体和组蛋白修饰酶完成对 DNA 和组蛋白的修饰，涉及的过程包括磷酸化、去乙酰化等。在经历了 DNA 损伤修复后，染色质在约 20 分钟后恢复到近乎损伤前的压缩状态。这体现了生物调控的有序性和精密性。

虽然在表观遗传修饰方面还有许多问题没有研究清楚，但随着研究逐渐深入，人们已经知道了许多发育过程和疾病是与此相关的。研究证明在特定的神经退行性疾病中，表观遗传修饰发生改变，而这些改变中最重要的改变有两个方面：DNA 甲基化和组蛋白修饰。这两种修饰在神经退行性疾病中发挥了重要的作用。阿尔茨海默病、亨廷顿病、脑卒中和全身性缺血的发生发展均与这两种修饰的异常密切相关。阿尔茨海默病是最常见的神经退行性疾病，常常在老年人中发病，其特征是认知能力逐渐下降和神经元死亡。这种病的发生是散发性的且伴随着时间延长而逐渐发生发展的，正因如此，科学家认为环境因素的改变可能是导致基因表达改变的原因，而这样的改变可能会扰动神经突触信号和神经元的存活。其中的分子机制有可能与沉默转录因子限制性元件 1（REST）依赖的表观遗传重塑失调有关系。除以上几种疾病可能与表观遗传紊乱相关外，肿瘤与表观遗传的关系也逐渐被研究者证明。表观遗传改变，如 DNA 甲基化缺陷和组蛋白修饰异常均发生在几乎所有癌症中，并伴随着整个肿瘤形成的自然史，其变化可在早期发病、中期进展及最终的复发和转移中检测到。更重要的是，环境也是表观遗传变化的重要因素之一。行为分子遗传学研究发现，青春期不良生活经历与焦虑、抑郁和攻击行为有关，而这与特定基因的 DNA 甲基化或组蛋白去乙酰化水平的改变有关。此外，记忆形成是对环境刺激的一种行为反应，它与所选位点的组蛋白和 DNA 修饰有关。还有一项研究发现，母性关怀水平低的小鼠，其海马体中某些基因的 DNA 甲基化水平降低。这些研究都很有意义，但这样的研究还需要更加深入，以探索清楚某些精神行为、发育过程甚至是人文环境对表观遗传存在的影响及其被影响的生物分子机制。所以，生物体无论是正常发育过程还是疾病发生都与表观遗传修饰密切相关，因此，未来对表观遗传的研究应更加深入，以便于利用科学研究的结果帮助预防和治疗这些疾病，更有可能在教育或其他领域给出具有科学性的建议。

　　总结起来，在很多疾病中，表观遗传修饰相关组分的基因发生突变后，它们的功能就会受到影响，这导致了 DNA 甲基化、组蛋白修饰和非编码 RNA 干扰等过程受到不同程度的影响。这一方面可能直接驱动基因错误表达，另一方面有可能通过改变组蛋白、DNA 修饰状态或染色质结构而间接产生作用，成为导致疾病的原因。因此，在起驱动作用的表观遗传修饰因子中鉴别出主要的驱动因子，是一项重要的研究工作。这就好比在一辆公共汽车上科学家要找到的是开车的司机，而不是车上的乘客。在找到的表观遗传修饰主要驱动因子中，有些是在疾病发生时起作用。通过科学的方法针对这些驱动因子来设计相应的药物，诊断方法或治疗方案就成为研究的最终目标。当然，在未来的研究中表观遗传学起作用的领域还可能延伸得更广，如教育、人文和刑事侦察等领域。

▶ 二、三维基因组学——调控基因表达

　　对于基因调控这一生物学机制，很多研究或是在 DNA 线性水平上说明其存在的上下游调控关系，或是研究调控因子（包括蛋白质、RNA、DNA 和小分子化合物等）对基因表达的调控作用。近几年，随着染色体立体构象捕获技术的发展，科学家能够更加深入地研究和理解染色体立体构象对基因表达的调控作用，进一步理解立体构象的改变引起生物体发育和疾病发生的机制。DNA 折叠成染色体立体构象逐渐被越来越多的科学家认为对生物过程是重要的。一些研究强调了空间基因定位对转录、复制、

DNA 修复和染色体易位等基本生物学功能的重要性。因此，研究染色体在细胞核内如何组织，以及这种三维结构如何影响基因调控、细胞命运决定和进化是细胞生物学中的重要问题。

小贴士　　三维基因组学

基因组三维空间结构与功能的研究简称三维基因组学，是指在考虑基因组序列、基因结构及其调控元件的同时，对基因组序列在细胞核内的三维空间结构及其对基因转录、复制、修复和调控等生物过程中功能的研究。三维基因组学是多学科、多技术融合催生的新产物，它的出现推动了基因组学第三次发展浪潮的到来。

科学技术的进步能够推动科学研究的深入。对于染色体高级结构研究来说，主要有两种技术：一种是基于显微镜技术。科学家通过高分辨率显微镜观察到了一些比细胞核更为基础的结构区域，如核仁、核斑、多梳体等。更进一步，荧光 RNA 和 DNA 原位杂交技术揭示了染色体在细胞核中占据着特定的疆域，且这些疆域在细胞核中的位置与基因表达是相关的。显微镜技术的主要优点就是能够直观地观察到染色体在细胞核中的位置和排列，虽然更先进的电子显微镜技术能够观察到更加精细的染色体纤维丝结构，但是它并不能代替序列测定能够获得的更加精确和复杂的基因组信息。因此，科学家发明了基于高通量测序的染色体构象捕获技术（3C）。基于 3C 技术，又发展出了环化染色体构象捕获（4C）、染色体构象捕获碳拷贝（5C）、高通量染色体构象捕获（Hi-C）技术等。这些技术可以获得基因组的 DNA 序列信息，这些序列信息要么是特定的序列，要么是非特定序列。通过生物信息学处理高通量测序数据后，可以得到高分辨率、全基因组范围内的染色体内和跨染色体物理邻近事件信息，即可以获得相互邻近的 DNA 序列的接触频率和相互作用信息。整合从基因组获得的信息，再结合实际实验结果就可以揭示基因组结构变化给生物带来的影响。

在科学技术的推动下，人们对染色体的了解越来越深入。现在，科学家已经认识到在不同的规模尺度上，染色体自身或染色体间存在一些调控区域，通过改变这些染色体上调控区域之间的相互作用频率，就有可能改变基因表达的转录活性或转录强度。这些结构还可能与 RNA 转录、DNA 复制、表观遗传修饰等功能相关。反过来，转录因子、结构蛋白、非编码 RNA 等多种元件可以调控或利用染色体多层次的结构协调基因表达和细胞命运。在认识这些复杂的生物过程之前，我们应该先了解染色体的基本结构层级（图 8-2）。

首先，染色质环挤出模型认为间期细胞中，线性的染色质纤维可以被弯曲形成环

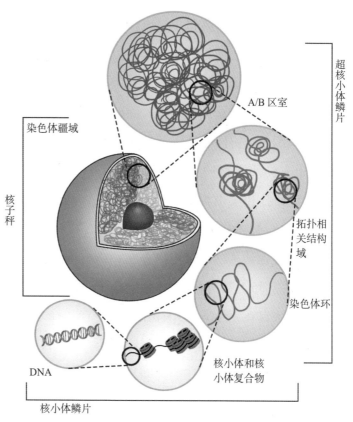

图 8-2 染色体的基本结构层级

状结构。在染色质形成环状结构时，在环的基部需要有相应的分子来连接，它是一个分子复合体，其中的两个结构蛋白非常重要。一个是粘连蛋白，它既与CTCF作用又与结构介导因子作用，目前的研究认为它是染色质环挤出复合体中的一部分。另一个是CTCF蛋白，它最初被认为是一个绝缘子蛋白，能够限制增强子和启动子间的相互作用。在成环时它主要是结合DNA序列，与其他结构蛋白共同构成一个环挤出复合体而发挥作用。环的形成使得基因远端调控元件上的反式作用因子能够接触靶基因的启动子从而发挥转录调控功能。除此之外，转录因子、协同激活因子和非编码RNA也在成环时起到一定作用。

其次，拓扑相关结构域（TAD）最先是通过Hi-C技术被发现的，之后显微成像技术又确认了这一结构的存在。TAD是一些空间上被分隔的染色质区域，其碱基数目在40 kb～3 Mb。TAD形成的机制还不清楚，TAD形成较为重要的是其边界的形成。在哺乳动物细胞中，TAD边界区域聚集了高水平的CTCF和粘连蛋白的结合位点，另外一

些类型的基因，如转运RNA基因和管家基因，出现在TAD边界附近的频率也超出预期。所以，边界异常可能导致不同位置的增强子与启动子接触，从而导致原癌基因激活或发育异常。虽然在不同物种中TAD存在差异，但也存在一些共性。第一，染色质TAD内接触频率高于其外的接触。它们的形成由结构蛋白协助，其中含有许多染色质环。第二，自我相互作用结构域与基因表达调控相关。有一些特定的区域与激活转录相关，还有一些区域与抑制转录相关。一个结构域是否形成取决于哪些相关基因需要在特定的生长阶段、细胞周期阶段或特定的细胞类型中被激活或抑制。比如细胞分化是由特定的基因决定的，这些基因的开启或关闭相对应于独特的细胞自我相互作用结构域。第三，这些区域的外边界包含更高频率的结构蛋白结合位点，转录激活相关的区域和表观遗传标记，以及管家基因和短间隔核元素。

再次，TAD间相互作用有时在基因组范围内相距甚远，达几兆个碱基长度就形成了一种新的区室，有A区室和B区室两种类型。这一基因组尺度下的

染色体区室最早是通过 Hi-C 技术研究发现的，A 区室染色体结构相对疏松开放且基因表达较为活跃，在这一区室内的基因较为丰富，GC 含量较高，包含激活转录的组蛋白标志，通常位于细胞核较中间的位置。B 区室染色体结构相对紧致且基因表达不活跃，其内部的基因较少，包含使得基因沉默的组蛋白标志，通常位于细胞核的周围。在不同的细胞类型中 TAD 是相对保守的，但是 A/B 区室却不保守，TAD 能够以细胞类型特异的方式在 A/B 区室间转换。

最后，在更大的尺度下，利用荧光原位杂交技术发现染色质组织成为单个的染色体疆域，通过全基因组 Hi-C 测序数据得到进一步确认。在同一群细胞里，同一条染色体占据的位置可能不同，但个别染色体偏向于占据细胞核中特定的位置。大的、基因较少的染色体通常位于核纤层附近，基因较多的染色体通常位于核中心区域（图 8-3）。另外，在不同的细胞类型中，个别染色体的偏向性可以改变，如 X 染色体在肝细胞中比在肾细胞中更偏向于定位在细胞核外周。在细胞分裂间期，同源染色体倾向

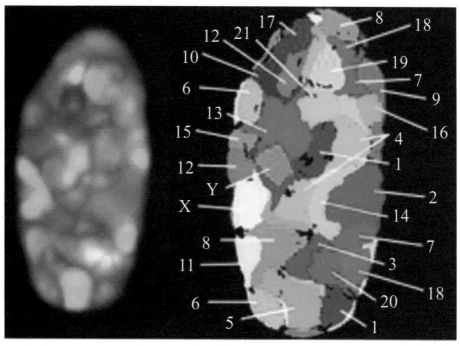

图 8-3 染色体在细胞核中的占位

于互相远离。在每一个细胞分裂周期中，某些染色体的位置保持相同直到开始进行有丝分裂。

不同尺度下的染色体结构域均与基因正确表达与否有一定关系。染色质环使得即便是在线性染色体上相距很远的区域也可以在三维空间中聚集在一起，调节基因表达。成环事件可通过相关元件抑制或激活基因表达。大约 50% 的人类基因被认为通过 DNA 成环过程参与染色体的长期相互作用。例如：1990 年，科学家就证明了 DNA 成环能抑制大肠埃希菌乳糖和半乳糖操纵子。另外，DNA 成环还能够将相距较远的基因启动子和增强子结合到一起而增强基因的转录活性。染色体区室化为 A 区室和 B 区室，而细胞核中蛋白质和其他因子（如长非编码 RNA）的定位也有不同的聚集性分布，二者的分布存在一致性。也就是说，细胞核存在多种转录因子，这些因子与转录水平的升高有关系。高浓度转录因子，如转录蛋白、活性基因、调控元件和新生 RNA 存在的染色体区域，转录水平升高。大约 90% 的活性基因被转录就是在一些活性区室中。每一个活性区室可以转录多种功能不相似的产物，这些转录的基因也不必位于同一条染色体上。在活性转录的区室中共同定位这些基因，发现它们与细胞类型有关。因此，可以说染色质成环或是划分为不同层级的区域都是为了基因能够遵守生物的特异性时空表达。

在人类遗传病中，无论是染色体结构形成和维持相关组分的缺陷，还是染色体中与基因表达沉默或激活相关的成分的缺陷，抑或是染色体数目的变化都有可能成为病因。在众多染色体病中，发生率较高的唐氏综合征是由于患者多了一条 21 号染色体。60% 的患儿在孕早期流产，存活者有明显的智力落后、特殊面容、生长发育障碍和多发畸形。这是一个经典的染色体病病例。在更小级别的染色体疆域中，TAD 边界的破坏会影响邻近基因的表达，若这些基因与某些疾病有关联，就可能导致疾病发生。例如：破坏 TAD 边界的基因组结构会导致发育障碍，如人类肢体畸形。此外，多项研究表明，TAD 边界的破坏或重新排列可以为某些癌症提供生长优势，如急性 T 淋巴细胞白血病 (T-ALL)、胶质瘤和肺癌。在肿瘤中还频繁发生强染色质环或结构域边界锚点被删除的现象。删除后常常导致染色质环或结构域内的原癌基因表达上调。当 CTCF 在边界的结合被破坏或减少时，不同位置的 TAD 间就可能发生接触。在某些情况下，新生成的环可能导致重要的基因错误表达和严重异常表型。因此，研究发育过程中 CTCF 结合的动态变化是一个有趣的问题，它可能与 DNA 甲基化水平有关，还可能影响整体增强子与启动子间的相互作用。具体到一些更为重要的与染色体结构相关基因的改变，还可能导致发育相关的疾病。*ATRX* 基因的遗传突变与 X 连锁的智力迟钝综合征有关，通常还伴有地中海贫血。而这一基因在发育过程中与 DNA 甲基化水平、染色体结构重塑有关。因此，*ATRX* 基因突变后可能引起染色体结构的改变，从而引起更多基因错误表达而产生疾病。另外一些基因，如 *DNMT3B* 和 *MeCP2*，分别与免疫缺陷-着丝粒不稳定-面部异常综合征和雷特综合征相关。这些疾病引起严重的发育和精神异常，它们的发生均与染色体结构相关。

　　总的来说，科学研究越来越关注基因组范围内的染色体接触，科学家认识到了染色体三维结构的正确有序形成和维持对于生物体的重要性。他们将三维基因组结构和发育与生理过程、疾病中的基因调控紧密联系在一起。表观遗传学的发展和各层级染色体结构域的发现，增加了科学家对基因组功能调控的理解，也让人们从一个新的角度去理解生命现象。